JN300173

獲得金メダル！
国際数学オリンピック

メダリストが教える解き方と技

小林一章

監修

朝倉書店

監修

小林 一章	数学オリンピック財団理事長・東京女子大学名誉教授

執筆者一覧 (五十音順)

浅野 知紘	2008 IMO 銀メダル 現在，東京大学理学部数学科在籍
伊藤 佑樹	2006 IMO 銀メダル 現在，東京大学医学部医学科在籍
片岡 俊基	2004 IMO 銀メダル・2005 IMO 金メダル・2006 IMO 銀メダル・2007 IMO 金メダル 現在，東京大学理学部数学科在籍
栗林 司	2004 IMO 銀メダル・2005 IMO 金メダル 現在，東京大学大学院数理科学研究科在籍
越川 皓永	2006 IMO 銅メダル 現在，東京大学理学部数学科在籍
西本 将樹	2002 IMO 代表・2003 IMO 金メダル・2004 IMO 金メダル 現在，東京大学大学院数理科学研究科在籍
保坂 和宏	2008 IMO 銀メダル・2009 IMO 金メダル 現在，東京大学教養学部在籍
吉田 雄紀	2006 IMO 銀メダル・2007 IMO 銀メダル 現在，東京大学医学部医学科在籍
渡部 正樹	2005 IMO 金メダル・2006 IMO 金メダル 現在，東京大学大学院数理科学研究科在籍

まえがき

　本書のもととなったのは 2009 年 7 月第 50 回国際数学オリンピック・ドイツ大会の出発直前に行われた代表選手に対する合宿で使われた教材です．これだけが原因ではないと思いますが，この年ドイツ大会で日本は過去最高の世界 2 位になりました．直前合宿ははじめての試みでしたので結構好影響があったのではないかと思っています．その後「教材」はさらに改良され，2010 年 3 月に行われた春の強化合宿でも教材として使用されました．本書は国際数学オリンピック大会での出題範囲に沿っていますので「代数，整数，幾何，組合せ」に絞っており，微分積分は含まれていません．しかしその出題範囲においては一題当たりの解答時間が 90 分という超難問に立ち向かう方法が満載されています．それは枝葉に分かれた細かい知識ではなく，過去に日本数学オリンピック（JMO），国際数学オリンピック（IMO）に出題された難問の根底にある基本的な考え方に必要な方法を解説しています．したがってその考え方に基づいて過去の JMO，IMO の問題を解くという形になっていますので，過去の問題，解答の羅列ではなく，基本的な考え方がどのように使われて出題問題になっているかがよくわかる構成になっていると思います．本書で訓練を重ねれば難問と呼ばれる問題も，その解決の糸口が見つかり，ほどけていくのではないでしょうか．本書はさらに 2011 年 3 月の春の合宿の教材としても使用されました．

　本書は実際に JMO，IMO を経験した OB たちが自分の経験をもとに，知っておいて欲しい知識や考え方を紹介しています．既存の参考書，問題集にはないものを目指したので，基本的なことは前提としたハイレベルなものになっていますが，実際の試験でどのように考え答案を組み立てていくのかというところにまで切り込んだ教材になっていると思います．

　数学オリンピックにおける問題は大きく分けると，A 分野（代数，解析），C 分野（組合せ），G 分野（幾何），N 分野（整数論）の 4 分野がありますが，本書では，さらにこの分野のうち A 分野を「不等式」と「関数方程式」に，G 分野を「初等幾何による解法」と「計算による解法」に分け，全 6 章で解説をしています．章ごとにほぼ独立して読めるようになっているので，気の向いたところから読んでみてください．

本書には過去の JMO や IMO の問題も多く取り上げて説明しています．これらの問題に対しては，本書の内容を補助として実際に自分で考えてみた後に解答を読むことをお勧めします．本書では「模範解答の紹介」よりもあくまでも解答に至るまでの考え方を説明することを目指したので，細部が略されている解答もあります．

本書について，他にも「こういうものも扱った方がよいのでは」というような内容があれば将来に役立てたいので，是非知らせてほしいと思います．

2011 年 10 月

数学オリンピック財団理事長　小林一章
JMO チューター一同

目　　次

0. 国際数学オリンピックの歴史と日本の取り組み ･････････････････････ 1
   国際数学オリンピックの歴史 ･･･1／　日本の IMO への参加 ･･･1／　IMO におけるコンテスト ･･･2／　日本代表を選出するための国内大会 ･･･3／　これからの取り組み ･･･5

1. 不　等　式 ･･･ 6
   1.1　有名不等式 ･･ 6
   相加・相乗平均の不等式 ･･･7／　Muirhead の不等式 ･･･8／　複雑な計算について ･･･12／　Schur の不等式 ･･･14／　Hölder の不等式 ･･･15／　その他の有名不等式 ･･･17
   1.2　解析的方法 ･･ 18
   凸不等式 (Jensen の不等式) ･･･18／　偏微分 ･･･22／　コンパクト集合と最大値の定理 ･･･23／　Lagrange の未定乗数法 ･･･25
   1.3　小　技　集 ･･ 26
   項ごとに評価 ･･･26／　特殊な変数変換 ･･･28
   1.4　JMO・IMO の問題 ･･････････････････････････････････････ 31

2. 関数方程式 ･･･ 39
   2.1　記　　法 ･･ 39
   2.2　考　え　方 ･･ 40
   答えの予想 ･･･40／　場合分け ･･･40／　自由度のある量を固定する ･･･41／　どのような値を代入するか ･･･41／　十分性の確認 ･･･41
   2.3　全射・単射・単調性 ･････････････････････････････････････ 41
   2.4　よくある議論 ･･･ 47
   考えやすい形に持ち込む ･･･47／　帰納法 ･･･47／　$\mathbb{Q}$ から $\mathbb{R}$ へ ･･･47／

周期性 … 50
2.5 数論的な関数方程式 … … … … … … … … … … … … … … … 51
2.6 問 題 例 … … … … … … … … … … … … … … … … … … … 52

3. 組 合 せ … 61
   3.1 基本的な方針 … … … … … … … … … … … … … … … … … 61
      n が小さい場合で実験する … 61 ／ 反例をつくろうとしてみる … 62 ／ 不変量を見つける … 63 ／ 部分的な結果がわかった場合も書く … 63
   3.2 小 ネ タ … … … … … … … … … … … … … … … … … … … 63
      母関数 … 63 ／ 塗り分け … 64 ／ ランダムあるいは平均化 … 67 ／ 他分野の可能性 … 67 ／ グラフ理論 … 68
   3.3 思 考 過 程 … … … … … … … … … … … … … … … … … … 69

4. 幾何——初等幾何による解法—— … … … … … … … … … … … … 71
   4.1 基本的な方針・考え方 … … … … … … … … … … … … … … 71
      基本戦略 … 71 ／ 結論から辿る … 71 ／ わかりやすい・わかりにくい条件 … 72 ／ 図を描く順番 … 72
   4.2 雑多な内容 … … … … … … … … … … … … … … … … … … 72
      反転について … 72 ／ 相似の利用 … 74 ／ 根軸 … 78 ／ 「一定の〜〜」を求める問題 … 78 ／ 有向角・符号付面積 … 81 ／ 三角形の各所の長さ … 82 ／ 射影幾何の 4 つの定理 … 82 ／ 複比と調和点列 … 86
   4.3 よく出てくる構図 … … … … … … … … … … … … … … … 89
   4.4 思 考 過 程 … … … … … … … … … … … … … … … … … … 93

5. 幾何——計算による解法—— … … … … … … … … … … … … … 96
   5.1 基本的な考え方 … … … … … … … … … … … … … … … … 97
      計算をはじめる前に … 97 ／ 文字のおき方 … 98
   5.2 直 交 座 標 … … … … … … … … … … … … … … … … … 99
      直線の方程式 … 99 ／ 2 直線の交点の求め方 … 100 ／ 三角形の五心 … 101 ／ 問題例 … 103 ／ 幾何の問題と検算 … 104 ／ 練習問題：直交座標 … 105

5.3 三角関数 ·· 106
　記号の使い方 ···107 ／　和積の公式と積和の公式 ···107 ／　問題例
　···108 ／　練習問題：三角関数 ···110

5.4 複素座標 ·· 110
　複素座標の利点 ···111 ／　基本的な計算 ···111 ／　円に関する定理
　···115 ／　三角形の五心（再考）···116 ／　問題例 ···118 ／　練習問題：
　複素座標 ···121

5.5 練習問題の解答 ······································ 123
　直交座標 ···123 ／　三角関数 ···127 ／　複素座標 ···130

6. 整 数 論 ·· 140

6.1 Euclid の互除法 ···································· 141

6.2 中国剰余定理 ······································ 142

6.3 Fermat の小定理, Euler の定理 ························ 143

6.4 位　　数 ·· 144

6.5 原 始 根 ·· 145
　素数の場合 ···145 ／　一般の場合 ···146

6.6 平 方 剰 余 ·· 148

6.7 素数 p についてのオーダー ·························· 151
　$x^n - y^n$ のオーダー ···151 ／　実際の問題例 ···153

6.8 不等式評価 ·· 157

6.9 整数解を求める問題 ································ 158

6.10 無限降下法 ······································ 159

6.11 $\bmod p$ における方程式 ·························· 160

6.12 問題の解答 ······································ 162
　中国剰余定理 ···163 ／　Fermat の小定理, Euler の定理 ···163 ／　原始根
　···164 ／　平方剰余 ···165 ／　素数 p についてのオーダー ···168 ／　無
　限降下法 ···175 ／　$\bmod p$ における方程式 ···177

索　　引 ·· 181

❗ 書籍の無断コピーは禁じられています

　書籍の無断コピー（複写）は著作権法上での例外を除き禁じられています。書籍のコピーやスキャン画像、撮影画像などの複製物を第三者に譲渡したり、書籍の一部をSNS等インターネットにアップロードする行為も同様に著作権法上での例外を除き禁じられています。

　著作権を侵害した場合、民事上の損害賠償責任等を負う場合があります。また、悪質な著作権侵害行為については、著作権法の規定により10年以下の懲役もしくは1,000万円以下の罰金、またはその両方が科されるなど、刑事責任を問われる場合があります。

　複写が必要な場合は、奥付に記載のJCOPY（出版者著作権管理機構）の許諾取得またはSARTRAS（授業目的公衆送信補償金等管理協会）への申請を行ってください。なお、この場合も著作権者の利益を不当に害するような利用方法は許諾されません。

　とくに大学教科書や学術書の無断コピーの利用により、書籍の販売が阻害され、出版じたいが継続できなくなる事例が増えています。

　著作権法の趣旨をご理解の上、本書を適正に利用いただきますようお願いいたします。

［2025年3月現在］

国際数学オリンピックの歴史と日本の取り組み

✹ 国際数学オリンピックの歴史

　国際数学オリンピック（IMO）は，すべての国と地域の数学的才能に恵まれた若者を見出し，彼ら，彼女らの才能を伸ばすチャンスを与えるとともに，世界中の高校生達が政治的対立とは無関係に，「数学」という国境を越えた人類の共通語を通じて友情を深め，国際交流の輪を広げることを目標としています．

　IMO の大会は毎年 7 月の 2 週間，各国の「持ち回り」で開催しています．これに備えて参加各国は，国内コンテストなどで 6 名の代表選手を選び，団長，副団長らとともに，IMO 大会へ選手団を派遣しています．

　IMO の第 1 回大会は，1959 年にルーマニアが主催国となり，ハンガリー，ブルガリア，ポーランド，チェコスロバキア（当時），東ドイツ（当時），ソヴィエト連邦（当時）を招待して開催されました．以降 1980 年以外毎年参加国の持ち回りで開催され，1968 年の第 10 回大会では 12 ヵ国，1978 年の第 20 回大会では 17 ヵ国となりました．この頃から参加国が急激に増え始め，日本が初参加した 1990 年の第 31 回北京大会では 54 ヵ国となり，丁度第 50 回の 2009 年ドイツ大会では，104 ヵ国 565 人の選手達が参加し，名実ともに世界中の数学好きの少年少女の祭典となっています．開会式から閉会式まで 1 週間の日程です．

　なお，IMO 大会への参加資格には，主催国からの招待状が必須です．また，主催国は団長会議を含めた IMO 開催期間の約 2 週間分の大会費用はもちろんのこと，参加各国の役員 2 名（団長，副団長），選手 6 名の現地での食・住の一切の費用を負担することになっています．

✹ 日本の IMO への参加

　IMO 大会が 20 回を超えた 1980 年以降になって，日本の IMO 参加について，各国の IMO 関係者から日本の数学者や数学教育者に対して，何度も呼びかけがあったようですが，話が大きすぎて誰も個人では動けませんでした．

　1988 年になって，オーストラリアの首相から日本の外務省と文部省（当時）に，IMO

オーストラリア大会への日本参加要請文が送付されてきました．これを何とか実現出来ないものかと日本の関係者は努力しましたが，その年は残念ながらオブザーバーの派遣にも至りませんでした．翌1989年になって，やっと現在の財団法人数学オリンピック財団の前身「国際数学オリンピック日本委員会（JCIMO）」の委員2名が第30回西ドイツ（当時）大会を視察して，国際大会の状況を把握してきました．そして翌1990年の第31回IMO北京大会は，記念すべき日本初参加の大会でした．そのときはまだ任意団体だった為，旅費などは文部省からのご支援をいただきましたが，その他の費用を支援してくださる所はなかったので，多くの数学者がポケットマネーを出し合い，何とか選手6名と役員2名を送り出すことができました．選手たちは，初参加ながら銀メダル2，銅メダル1，国別順位20位という好成績を持ち帰ることができました．

好成績はよかったのですが，翌年以降の参加のための資金のめどが立っておりませんでした．そのとき，当時の協栄生命の名誉会長であった川井三郎氏が個人で多額の寄付をしてくださり，氏のご尽力により，協栄生命保険会社，富士通株式会社，アイネス株式会社などの各企業からも多額のご寄付をいただき，翌年からも参加できるようになりました．この寄付を基金として1991年3月20日，文部省（当時）所管の「財団法人数学オリンピック財団」が発足しました．それ以降IMOには毎年日本代表として6名の選手を送っています．

✱ IMOにおけるコンテスト

IMOに向け構成される選手団は団長，副団長，オブザーバー数名，選手6名です．まず団長，オブザーバーが副団長，選手に3日ほど先んじて出発し，主催国入りをし，団長たちが集まって，30題ほどの問題リストの中からコンテストに出題する6題の問題を協議選定します．出題範囲は代数（A分野），組合せ（C分野），幾何（G分野），数論（N分野）です．そして6種類の公用語（英語，仏語，ドイツ語，イタリア語，ロシア語，スペイン語）のうちの1つから母国語に翻訳します．日本の場合なら英語から日本語へ翻訳します．開会式の前日に副団長が選手を引率して現地入りをし，団長会議で選ばれた6題の問題を開会式翌日からの2日間のコンテストで選手達が（日本語で）解く

	7/13	7/14	7/15	7/16	7/17	7/18	7/19	7/20	7/21	7/22	7/23	7/24
団長	現地到着	問題の選定・翻訳			開会式	コンテスト		採点会議			閉会式	現地出発
副団長				現地到着								
選手								観光・国際交流				

第52回IMOオランダ大会(2011年)の日程

わけです．1日3題270分です．したがって1題当たり90分という難問ぞろいです．それをオブザーバー達が採点をし，主催国の採点委員とその採点が妥当かというコーディネイションをし，合意が得られれば選手の得点が確定ということになり，その後得点の集計ということになります．その間，選手たちは国際交流ということで遠足に行ったり，スポーツに励んだりしています．閉会式の前日に個人，国別の成績発表があり，閉会式で個人に対する表彰式があります．翌日は出発日です．

✺　日本代表を選出するための国内大会

1991年に日本代表を送り出してから以降，日本数学オリンピック（JMO）として予選を毎年成人の日（以前は1月15日，今は1月第2月曜）に行い，100名前後を選抜し，建国記念の日に本選を行い，20名前後を春の強化合宿に招待するという形式をとってきました．

そして2003年にIMOが東京で行われることを機に中学生以下のジュニア日本数学オリンピック（JJMO）も同日に行い（第1回は午前，午後でJJMO, JMOの両方が受験可能でした）10名前後がJMOからの100名前後と合流して本選に出場という形式をとりました．第1回では11名が本選に進み，そのうち3名がJMOから選抜された選手と一緒になって，春の強化合宿に参加しました．その3名は日本代表にはなれませんでしたが，JJMOから日本代表への道が開かれたことになります．実際その後JJMOから，本選，春合宿と進み日本代表になった選手がいました．

2008年までは本選は一本でJMOから100名前後，JJMOから10名前後が参加して行われていましたが，2009年よりJMO, JJMOともに平行して本選を行うことになり，ともに上位100名前後で本選を行うようになりました．JJMOの本選出場率が大幅に増えたことになります．そして現在はJMOの本選から上位20名前後，JJMOの本選から上位5名以下の選手が春の合宿に招待されています．その春の強化合宿中に行われるコンテストの成績によって6名の日本代表が決定されます．（正式には現在のJCIMO委員会で決定．）現在，予選は4時間で12題，解答のみを書き，本選は4時間で5題を解く記述式です．予選会場は各都道府県に1ヵ所以上，本選会場数は10ヵ所ほどです．予選を受験するにはJMO, JJMOともに学校単位または個人で数学オリンピック財団に申し込むことになっています．

また夏季セミナーが年ごとにいろいろな所で行われ（ここ数年は山梨県の清里），ここでは選抜ではなく，さらに進んだ数学に触れて数学に親しんでもらうという事業を行っています．

財団法人日本数学オリンピック財団は1991年第31回北京大会にはじめて6名の

1991〜2002年

前年に募集 → JMO予選（成人の日）→ 100名前後 → JMO本選（建国記念の日）→ 20名前後 → 春の強化合宿（3月の7日間）→ 6名 → IMO本選へ

2003〜2008年

前年に募集 → JMO予選（成人の日）／JJMO予選 → 100名前後／10名前後 → JMO本選（建国記念の日）→ 20名前後 → 春の強化合宿（3月の7日間）→ 6名 → IMO本選へ

2009年〜

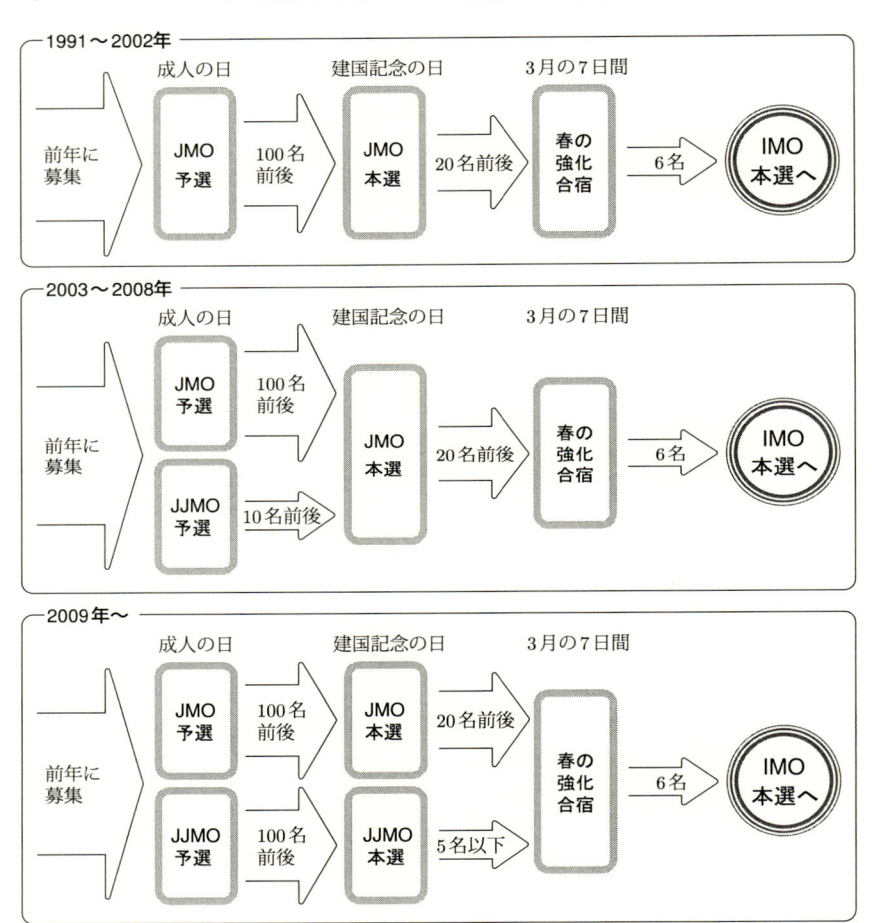

前年に募集 → JMO予選（成人の日）／JJMO予選 → 100名前後／100名前後 → JMO本選（建国記念の日）／JJMO本選 → 20名前後／5名以下 → 春の強化合宿（3月の7日間）→ 6名 → IMO本選へ

選手を送って以降 2010 年まで毎年 6 名の選手を送ってきました．しかしその国内での選抜方法は受験生の増加，特に中学生の受験の増加によって上記のようにかなり変化してきました．JJMO の本選出場数が大幅に増えたので中学生の応募者がずいぶん増えました．現在, 予選受験者の絶対数は JMO の方が多いのですが, 伸び率は JJMO の方が大きいです．これは県, 市町村の教育委員会の協力が非常に大きく「数学オリンピック」の知名度が随分上がったことも大きな原因だと思います．中学生の動向としては, JJMO をまず受験して結構よい成績をとると, 中学生であっても, 翌年は JMO を受験するという傾向にあります．これはそのクラスでの上位に居続けるよりも難し

い問題へのチャレンジ精神の方を優先させているようで，よい傾向だと思っています．また 2008 年より全国を 15 の地区に分けて，その地区での JJMO の受験者数の 1 割程度に JJMO の地区表彰をしています．これは原則中学校において表彰していただき，現場の先生方にも関心をもっていただこうということも含まれています．2009 年からはこの制度を JMO にも拡大し，JMO も同様に地区表彰をはじめました．また団体割引制度を充実させて，学校ごとにまとめて応募していただくと，人数により受験料を割り引く制度を導入しています．これは年度ごとに充実させてきており，現在では学校単位での応募者数がかなり少人数であっても割引制度を適用できるようにしてありますので，2010 年度は 2009 年度に比べ大幅に応募者が増えています．これは最近の前年度比よりもかなり多い数字になっています．いまでは JMO も JJMO も応募者の過半数が学校単位での団体申込みで応募しています．

✶ これからの取り組み

さらに数学オリンピックのコンテストを全国に周知させていこうと思っています．日本代表になった選手でも数学オリンピックのことを知ったのは中学生の後半だったりして，もっと早く知っていたらと悔やんでいたこともあったからです．全国の中学，高校に発送しているポスター，募集要項の内，JMO は 1/4，JJMO は 1/3 の学校しか応募をしていません．(学校単位でなくても) せめてともに 1/2 位の学校から応募をしていただくことを目標にしています．また多くの大学で予選の成績上位者を推薦入試などで優遇していただくことを願っています．これは年々増加しています．

また現状では女子の応募者が一割程度で少なく夏季セミナーでも女子枠 5 名を設定しているのですがなかなか応募者が増えません．そこで，女子にもっと応募してもらおうという考えをさらに拡大し，中国で行われている中国女子数学オリンピック (CGMO) が国際的に開放されているので，2011 年からこれに参加することにしました．CGMO は基本的に中国の大会なので国別というよりも，4 名を 1 チームとして複数チームが参加できます．

アメリカは今年は 2 チームが参加していました．日本は今年は 1 チームが参加して金メダル 1，銅メダル 1，優秀賞 2 とよい成績を得ることができました．この CGMO は公用語が中国語と英語なのでアメリカ合衆国，イギリス，カナダなどの英語圏と中国周辺のアジア諸国がすでに参加しています．これは特に少ない女性の理系進出の一助になるのではないかと考えています．

1 不等式

　A 分野の問題をさらに細かく分類すると，「不等式」「関数方程式」「その他の問題」となります．不等式と関数方程式以外の問題はいわば「ノンジャンル」の問題で，問題ごとに要求される考え方はまったく違うこともあり，一概にどう解けばいいとはいいにくいと思います．そこで本教材では，「不等式」「関数方程式」の 2 つに分けて A 分野の問題を解説していきます．

　不等式の問題は，他の問題と比べても特に，模範解答で巧妙な式変形を用いた綺麗な解答だけが説明されていることが多く，そのような教材で勉強をしてきた人の中には「巧妙な式変形がいきなり思いつかないかぎり解けるわけがない」と思っている人も多いのではないかと思います (もちろんそのような「綺麗な解法」も，多くの過去問などで経験を積めば思いつきやすくなることは確かでしょうし，そういった式変形を模索することも正答につながる場合があると思います).

　とはいえそこまで巧妙な式変形を要求しない「定石」もいくつかあり，そのうちいくつかは (計算が大変になりやすいためか) 問題集などの解答に載っていることはほとんど見たことがありません．

　IMO のような試験では，「手順はわかるけど複雑すぎて証明しきれない」ということよりも「どこから手をつけていいのかわからない」ということが圧倒的に多いので，あまりひらめきを必要としない方法を知っておくことはとても大事ですし，多少計算過程が複雑になってもこなしきる十分な時間が与えられています．

　本章では，不等式を綺麗に解く方法よりも，そのような方法を思いつけそうにもないときに，解決に結びつきうる方法を中心に説明していこうと思います．1.3 節までは，JMO や IMO の問題を練習問題として挙げていることがあります．それらの解説については 1.4 節を参照してください．

1.1 有名不等式

　数学オリンピックの不等式は，有名ないくつかの不等式を使って解けるものがほと

んどです．ここでは特にそのような不等式をまとめました．証明を紹介することが主目的ではないので証明を省略しているところも多いです．

✺ 相加・相乗平均の不等式

ここでは相加・相乗平均の不等式を一般化した次の不等式を紹介しておきます．

> **[定理]** (重み付き相加・相乗平均の不等式)
> $x_1,\ldots,x_n \geqq 0$ および $p_1+\cdots+p_n=1$ なる正実数 $p_1,\ldots,p_n$ に対して
> $$p_1 x_1 + \cdots + p_n x_n \geqq x_1^{p_1} \cdots x_n^{p_n}$$
> が成り立つ．等号が成り立つのは $x_1 = \cdots = x_n$ の場合である．

注意 $p_1 = \cdots = p_n = \dfrac{1}{n}$ の場合がよく知られている相加・相乗平均の不等式 (**AM-GM 不等式**) である．重み付きの場合もこの場合を利用して証明できる．たとえば

$$\frac{1}{3}x + \frac{2}{3}y = \frac{x+y+y}{3} \geqq (x \cdot y \cdot y)^{1/3} = x^{1/3} \cdot y^{2/3}$$

とすれば $(p_1,p_2) = \left(\dfrac{1}{3}, \dfrac{2}{3}\right)$ の場合が証明でき，p_i がすべて有理数のときも同様に示せる．一般の実数の場合は有理数のときの極限をとればよい．あるいは後述の凸不等式から導くこともできる．

例 $x,y,z \geqq 0$ に対し，$x^4 y + y^4 z + z^4 x \geqq x^2 y^2 z + y^2 z^2 x + z^2 x^2 y$ が成り立つことを示す．まず，重み付き相加・相乗平均の不等式より

$$\frac{2}{13}x^4 y + \frac{6}{13}y^4 z + \frac{5}{13}z^4 x \geqq xy^2 z^2$$

が成り立つ．変数を入れ替えて同様に得られる 3 つの不等式

$$\frac{2}{13}x^4 y + \frac{6}{13}y^4 z + \frac{5}{13}z^4 x \geqq xy^2 z^2,$$
$$\frac{2}{13}y^4 z + \frac{6}{13}z^4 x + \frac{5}{13}x^4 y \geqq yz^2 x^2,$$
$$\frac{2}{13}z^4 x + \frac{6}{13}x^4 y + \frac{5}{13}y^4 z \geqq zx^2 y^2$$

を足し合わせることにより主張を得る．

注意 上の例で，係数の $\dfrac{2}{13}, \dfrac{6}{13}, \dfrac{5}{13}$ は連立 1 次方程式 $4p+r=1, p+4q=2, q+4r=2$ の解として見つけることができる．

注意　このように変数がある程度対称的であり，示すべき不等式の等号条件が $x=y=z$ であるような場合，相加・相乗平均の不等式を利用して証明する手法は IMO でもかなり強力である．どういう式どうしがこの方法により比較することができるかについても，ある程度式の形から推測することができる．たとえば対称式の場合については，後述の **Muirhead** の不等式が知られている．

IMO の過去問ではたとえば次の問題は，少し式変形をした後に重み付き相加・相乗平均の不等式を使うだけで解けます．

【1984 IMO 問題6】

a,b,c が三角形の辺の長さであるとき不等式
$$a^2b(a-b)+b^2c(b-c)+c^2a(c-a)\geqq 0$$
が成り立つことを証明せよ．

解答　まず変数の動く範囲が複雑なので変数変換をする：
$$x=\frac{-a+b+c}{2},\qquad y=\frac{a-b+c}{2},\qquad z=\frac{a+b-c}{2}$$
とおくと $x,y,z>0$ で，
$$a=y+z,\qquad b=z+x,\qquad c=x+y$$
が成り立つ．示すべき不等式を x,y,z の式に書きなおすと次のようになる：
$$xy^3+yz^3+zx^3\geqq x^2yz+xy^2z+xyz^2.$$
あとは上に述べた例と同様にすればよい．実際，重み付き相加・相乗平均の不等式 $\frac{2}{7}xy^3+\frac{1}{7}yz^3+\frac{4}{7}zx^3\geqq x^2yz$ およびその変数を入れ替えたものを足し合わせれば求める不等式が得られる．◆

✹ Muirhead の不等式

$p_1\geqq p_2\geqq p_3$ なる整数 p_1,p_2,p_3 に対し，
$$\sum_{\text{sym}}x^{p_1}y^{p_2}z^{p_3}=x^{p_1}y^{p_2}z^{p_3}+x^{p_1}y^{p_3}z^{p_2}+x^{p_2}y^{p_1}z^{p_3}$$
$$+x^{p_2}y^{p_3}z^{p_1}+x^{p_3}y^{p_1}z^{p_2}+x^{p_3}y^{p_2}z^{p_1}$$
と書くことにします．

[定理] (Muirhead の不等式)

x, y, z は正実数を表すものとする. このとき,

$$p_1 \geqq q_1, \qquad p_1 + p_2 \geqq q_1 + q_2, \qquad p_1 + p_2 + p_3 = q_1 + q_2 + q_3$$

なる (p_1, p_2, p_3), (q_1, q_2, q_3) に対して不等式 $\sum_{\text{sym}} x^{p_1} y^{p_2} z^{p_3} \geqq \sum_{\text{sym}} x^{q_1} y^{q_2} z^{q_3}$ が成り立つ. 等号が成り立つのは, $p_1 = q_1, p_2 = q_2, p_3 = q_3$ のときまたは $x = y = z$ のときである.

注意 x, y, z の範囲を非負実数まで拡げると, 等号成立条件についてはもう少し複雑になる (p_i, q_i が具体的に与えられているときは, 簡単に決定できる). また, ここでは 3 変数で紹介したが, 多変数にも拡張できる.

証明はここでは述べませんが, 簡単にいえば上記のような $(p_1, p_2, p_3, q_1, q_2, q_3)$ に対して重み付き相加・相乗平均の例で扱ったような不等式の組み合わせが可能なことを示すというものです. 答案を書くときも, この定理自体を引用する必要は実際にはありません[*1].

例 $(3, 0, 0), (2, 1, 0), (1, 1, 1)$ について定理を適用することで,

$$2(x^3 + y^3 + z^3) \geqq x^2 y + xy^2 + x^2 z + xz^2 + y^2 z + yz^2 \geqq 6xyz$$

が成り立つことがわかる. $(4, 1, 0), (3, 1, 1)$ について定理を適用することで,

$$x^4 y + xy^4 + y^4 z + yz^4 + z^4 x + zx^4 \geqq 2(x^3 yz + y^3 zx + z^3 xy)$$

が成り立つことがわかる.

練習
上の例で挙げた不等式を, p. 7 のように重み付き相加・相乗平均の不等式を用いて証明せよ.

[*1] 採点者がこの定理を知らない可能性もあるため, 相加・相乗平均の不等式のみを用いた答案の方が望ましいでしょう. 計算が大変そうなときや, 時間に余裕がないときなど, 定理を引用して済ませる場合には, 定理の名前と, どの項に使ったかは書いて下さい.

> **注意** 定理の p_i, q_i に対する条件は，実は任意の $x, y, z > 0$ に対して $\sum_{\text{sym}} x^{p_1} y^{p_2} z^{p_3} \geqq \sum_{\text{sym}} x^{q_1} y^{q_2} z^{q_3}$ が成り立つための必要十分条件である（十分性が定理の主張）．実際 M を十分大きな正実数として，$(x, y, z) = (M, M, M), (1/M, 1/M, 1/M), (M^M, M, 1)$ の場合などを考えればよい．

> **注意** 変数が 4 つ以上の場合にも同様の結果が成り立つ．(p_i, q_i についての条件は，$p_1 + \cdots + p_k \geqq q_1 + \cdots + q_k \, (1 \leqq k \leqq n-1)$，$p_1 + \cdots + p_n = q_1 + \cdots + q_n$ となる．)「変数が偏って入っている項ほど大きい」というようなイメージをもっておくとよい．

Muirhead の不等式を用いて不等式を証明することを **Bunching** といいます (日本選手の間でも 2003 年頃から普及しはじめ，「バンチ」と呼ぶ人が多いです)．例を見てみましょう：

例 正実数 x, y, z に対して $\dfrac{x^2}{y^2 + yz + z^2} + \dfrac{y^2}{z^2 + zx + x^2} + \dfrac{z^2}{x^2 + xy + y^2} \geqq 1$ が成り立つことを示す．

$S(6,0,0) = \dfrac{1}{3}(x^6 + y^6 + z^6),$

$S(5,1,0) = \dfrac{1}{6}(x^5 y + x^5 z + y^5 x + y^5 z + z^5 x + z^5 y),$

$S(4,2,0) = \dfrac{1}{6}(x^4 y^2 + x^4 z^2 + y^4 x^2 + y^4 z^2 + z^4 x^2 + z^4 y^2),$

$S(4,1,1) = \dfrac{1}{3}(x^4 yz + xy^4 z + xyz^4),$

$S(3,3,0) = \dfrac{1}{3}(x^3 y^3 + x^3 z^3 + y^3 z^3),$

$S(3,2,1) = \dfrac{1}{6}(x^3 y^2 z + x^3 y z^2 + x^2 y^3 z + x^2 y z^3 + x y^3 z^2 + x y^2 z^3),$

$S(2,2,2) = x^2 y^2 z^2$

とおく (係数は $(x, y, z) = (1, 1, 1)$ で値が 1 になるように調整されていることに注意せよ)．通分すると，示すべき不等式は

$3S(6,0,0) + 6S(5,1,0) + 6S(4,2,0) + 6S(3,2,1) + 3S(4,1,1) + 3S(2,2,2)$

$\qquad \geqq 6S(4,2,0) + 3S(4,1,1) + 3S(3,3,0) + 12S(3,2,1) + 3S(2,2,2)$

となり，つまり $3S(6,0,0) + 6S(5,1,0) \geqq 3S(3,3,0) + 6S(3,2,1)$ を示せばよい．Muirhead の不等式より $3S(6,0,0) \geqq 3S(3,3,0)$, $6S(5,1,0) \geqq 6S(3,2,1)$ なの

で示された.

例 $x+y+z=1$ なる正実数 x,y,z に対して, $\dfrac{y^2+z^2}{1+x}+\dfrac{x^2+z^2}{1+y}+\dfrac{x^2+y^2}{1+z} \geqq \dfrac{1}{2}$
が成り立つことを示そう. このまま通分しても次数が異なる項が出てくるため, Muirhead の不等式ですべての項を比較することはできない. そこで, $x+y+z=1$ を利用して, 示すべき不等式を次のように書き換える:

$$\frac{y^2+z^2}{2x+y+z}+\frac{x^2+z^2}{x+2y+z}+\frac{x^2+y^2}{x+y+2z} \geqq \frac{1}{2}(x+y+z).$$

前と同じように

$$S(4,0,0)=\frac{1}{3}(x^4+y^4+z^4),$$
$$S(3,1,0)=\frac{1}{6}(x^3y+x^3z+y^3x+y^3z+z^3x+z^3y),$$
$$S(2,2,0)=\frac{1}{3}(x^2y^2+x^2z^2+y^2z^2), \qquad S(2,1,1)=\frac{1}{3}(x^2yz+xy^2z+xyz^2)$$

とおけば示すべき不等式は

$$18S(4,0,0)+42S(3,1,0) \geqq 6S(2,2,0)+54S(2,1,1)$$

となる. よって Muirhead の不等式より得られる不等式 $6S(4,0,0) \geqq 6S(2,2,0)$, $12S(4,0,0) \geqq 12S(2,1,1)$, $42S(3,1,0) \geqq 42S(2,1,1)$ を足し合わせることで主張を得る.

> **注意** 上の例で 1 を $x+y+z$ に置き換えた変形を不等式の斉次化という. 元の不等式が成り立つことは, $(x+y+z=1$ とは限らない一般の正実数 x,y,z について) 斉次化された不等式を証明することと同値である. 斉次化することで不等式が一般の x,y,z について成り立つ形になるので, 式の本質が見やすくことがある (もちろん斉次化された式よりも, 変数の条件を使って書き換えた形の方が見やすいこともあるので一概にこの変形がよいとはいいきれない).

次に挙げる問題は少し計算が大変ですが, Muirhead の不等式と相加・相乗平均の不等式などを組み合わせて解くことができます. 計算の際には次項の「複雑な計算について」で説明することに気をつけるといいでしょう.

【2005 IMO 問題3】

x, y, z は $xyz \geqq 1$ をみたす正の実数とする．次の不等式を示せ：
$$\frac{x^5-x^2}{x^5+y^2+z^2}+\frac{y^5-y^2}{y^5+z^2+x^2}+\frac{z^5-z^2}{z^5+x^2+y^2}\geqq 0.$$

解答 → p. 27, p. 31

✹ 複雑な計算について

例で扱った証明は，実際の計算はなかなか大変で，(たとえば p. 11 の例では通分する際に $(x+y+z)(2x+y+z)(x+2y+z)(x+y+2z)$ などを正しく展開しなければいけません) 手間がかかる上計算ミスもしやすいです．しかし不等式の問題では式の形が少し変わると成り立たなくなったり，難易度が激変することが多いですし，計算による解法は，ほぼ同じ方法で解けたとしても，計算が合っていないとほとんど点数が貰えないということもあります．したがって「なるべく間違えないように計算する」「検算を行う」などが非常に重要です．

たとえば上述の $(x+y+z)(2x+y+z)(x+2y+z)(x+y+2z)$ を考えてみましょう．式の対称性を利用することもできますがこれは後述します．とりあえず安直な計算方法を考えてみましょう．2 つを掛けるのはすぐにできるので，
$$(2x^2+y^2+z^2+3xy+3xz+2yz)(x^2+2y^2+2z^2+3xy+3xz+5yz)$$
まで変形できたとします．これを分配法則で展開して書き並べると
$$2x^4+4x^2y^2+4x^2z^2+\cdots$$
となり，同類項を整理しない形で書けば $6\times 6=36$ 個もの項を書くことになります．何も考えず計算していては，正確に整理するのは大変だと思います．

こういうときには次のような表を書くのが個人的にはおすすめです．

	$2x^2$	y^2	z^2	$3xy$	$3xz$	$2yz$
x^2	$2x^4$	x^2y^2	x^2z^2	$3x^3y$	$3x^3z$	$2x^2yz$
$2y^2$	$4x^2y^2$	$2y^4$	$2y^2z^2$	$6xy^3$	$6xy^2z$	$4y^3z$
$2z^2$	$4x^2z^2$	$2y^2z^2$	$2z^4$	$6xyz^2$	$6xz^3$	$4yz^3$
$3xy$	$6x^3y$	$3xy^3$	$3xyz^2$	$9x^2y^2$	$9x^2yz$	$6xy^2z$
$3xz$	$6x^3z$	$3xy^2z$	$3xz^3$	$9x^2yz$	$9x^2z^2$	$6xyz^2$
$5yz$	$10x^2yz$	$5y^3z$	$5yz^3$	$15xy^2z$	$15xyz^2$	$10y^2z^2$

次に対称式ならではの計算方法として,全体を展開せずに,1つ1つの項の係数を求めていく方法があるでしょう.たとえば x^4 の係数は $1 \cdot 2 \cdot 1 \cdot 1 = 2$ ですし,$x^3 y$ の項も,

$$x \cdot x \cdot x \cdot y, \quad x \cdot x \cdot y \cdot x, \quad x \cdot y \cdot x \cdot x, \quad y \cdot x \cdot x \cdot x$$

の4通りの寄与があることから $2+4+1+2 = 9$ と求まります.今回は対称式の展開なので,$x^4, x^3 y, x^2 y^2, x^2 yz$ の係数を求めることで,少ない手間で式全体を復元できます.この方法をとると「本当にすべての項を数えつくしたのか」ということが気になると思いますが,それは係数の和が $(1+1+1)(2+1+1)(1+2+1)(1+1+2) = 192$ になっているかで確認することができます.

もう少し違った方法でも,式の対称性を利用して計算の手間を減らすことができます.つまり式の対称性より

$$x(2x+y+z)(x+2y+z)(x+y+2z),$$
$$y(2x+y+z)(x+2y+z)(x+y+2z),$$
$$z(2x+y+z)(x+2y+z)(x+y+2z)$$

は互いに変数を入れ替えたものなので,1つを計算すれば自動的に他の計算結果も求まり,それらを足し合わせることで式全体が計算されます.たとえば p. 11 の例で扱った不等式の左辺を通分すると現れる

$$(y^2+z^2)(x+2y+z)(x+y+2z)$$
$$+ (x^2+z^2)(2x+y+z)(x+y+2z)$$
$$+ (x^2+y^2)(2x+y+z)(x+2y+z)$$

という式も,一見3式を展開しなければいけないようですが,どれか1つを展開すればその和が求まります.

次に検算についてですが,次数や最高次の係数などの検算がすぐに思いつくことと思います.他の方法として,

- (x, y, z) に具体的な値を代入してみる

という方法が有効でしょう.たとえば上で述べた「すべての項を数えつくしたか」の検算は $(x, y, z) = (1, 1, 1)$ とした場合です.他にも $(0, 1, 2)$ など小さな数の組をいくつか確かめてみて,式変形の前後で値が変わっていないかを見るだけで,かなりのミスを除くことができると思います.

他には,

- 解答用紙や計算用紙の文字や式を見やすく書く.
- 紙のどこに何の計算をしたかなどもわかりやすく使う.

というのも重要だと思います. IMO の試験では解答用紙や計算用紙が十分に与えられているので, 大きな読みやすい字で広々とわかりやすく用紙を使うようにしましょう.

✦ Schur の不等式

> [定理] (Schur の不等式)
> 正実数 x, y, z および実数 r に対して
> $$x^r(x-y)(x-z) + y^r(y-x)(y-z) + z^r(z-x)(z-y) \geqq 0$$
> が成り立つ. 等号が成り立つのは $x = y = z$ のときである.

証明 x, y, z について対称なので $x \geqq y \geqq z$ としてよく, そのとき

(第 1 項) $\geqq 0$,　　(第 2 項) $\leqq 0$,　　(第 3 項) $\geqq 0$,

$$\begin{cases} (第 1 項) + (第 2 項) \geqq 0 & (r \geqq 0 \text{ のとき}), \\ (第 2 項) + (第 3 項) \geqq 0 & (r \leqq 0 \text{ のとき}) \end{cases}$$

となることが簡単な大小比較でわかる. ◆

注意 Schur の不等式は $\displaystyle\sum_{\text{sym}} x^{r+2} + \sum_{\text{sym}} x^r yz \geqq 2 \sum_{\text{sym}} x^{r+1} y$ と表すと, Muirhead の不等式との違いがわかるだろう.

> **例** $r = 1$ とすると次がわかる:
> $$x^3 + y^3 + z^3 + 3xyz \geqq x^2y + xy^2 + x^2z + xz^2 + yz^2 + y^2z.$$
> これは Muirhead の不等式からは示すことができない. (Muirhead の不等式において xyz よりも小さな項はないので.)

【1984 IMO 問題 1】

$x+y+z=1$ をみたす 0 以上の実数 x,y,z に対し,
$$0 \leq xy+yz+zx-2xyz \leq \frac{7}{27}$$
が成り立つことを示せ.

解答 まず, 斉次化をして示すべき不等式を
$$0 \leq xyz+x^2y+xy^2+x^2z+xz^2+y^2z+yz^2 \leq \frac{7}{27}(x+y+z)^3$$
にする. 左側は明らかなので, 右側の不等式を示す. 展開して整理すると, Schur の不等式
$$x^3+y^3+z^3+3xyz \geq x^2y+xy^2+x^2z+xz^2+yz^2+y^2z$$
の 12 倍と $x^3+y^3+z^3 \geq 3xyz$ の 2 倍の和になるとわかり主張が得られる. ◆

注意 Bunching の方法と Schur の不等式を組み合わせると, かなり多くの問題を解くことができるので, 試してみる価値はあるでしょう. ただし, この 2 つで必ず解けるわけではありません. 解けるためには, たとえば $x=y=z$ で等号が成立している必要があります. また, Schur の不等式は正実数から非負実数にまで考える範囲を広げれば $x=y, z=0$ で等号が成立しています. 同様のことが Muirhead の不等式に対してもいえます. このことに注意すると 2 つを組み合わせても解けないとわかる場合があります.

✸ Hölder の不等式

[定義] (L^p ノルム)

正実数 p および実数の n 個の組 $X=(x_1,\ldots,x_n)$ に対して,
$$\|X\|_p = \left(|x_1|^p + \cdots + |x_n|^p\right)^{1/p}$$
と書く. $p \geq 1$ のときはこれを X の L^p ノルムという.

実数の n 個の組 X, Y および実数 p に対して, 積 XY や p 乗 $|X|^p$ を, 成分ごとに対応する操作をしたものとして定義します.

[定理] (Hölder の不等式)

実数の n 個の組 $X_1, \ldots, X_m$ および $\dfrac{1}{p_1} + \cdots + \dfrac{1}{p_m} = \dfrac{1}{r}$ なる正実数 $p_1, \ldots, p_m, r$ に対し，
$$\|X_1 \cdots X_m\|_r \leqq \|X_1\|_{p_1} \cdots \|X_m\|_{p_m}$$
が成り立つ．等号が成り立つのは，すべての $|X_i|^{p_i}$ が比例の関係にあるときである．

注意 $r = 1$, $m = 2$ の場合の不等式のことを Hölder の不等式と呼ぶことも多い．一般の場合もその場合を利用して簡単に示すことができる．

注意 一番よく使われるのは $m = 2$, $p_1 = p_2 = 2$ としたもの，つまり
$$|x_1 y_1| + \cdots + |x_n y_n| \leqq (x_1^2 + \cdots + x_n^2)^{1/2}(y_1^2 + \cdots + y_n^2)^{1/2}$$
である．これは **Cauchy–Schwarz** の不等式と呼ばれる．

例 p, q を $p < q$ なる正実数とする．$\dfrac{1}{p} = \dfrac{1}{q} + \dfrac{1}{r}$ なる $r > 0$ をとり，$X = (x_1, \ldots, x_n)$ および $I = (1, \ldots, 1)$ に対して Hölder の不等式を適用すると $\|X\|_p \leqq \|X\|_q \cdot \|I\|_r$ となる．一方明らかに $\|I\|_p = \|I\|_q \|I\|_r$ であるから，$\dfrac{\|X\|_p}{\|I\|_p} \leqq \dfrac{\|X\|_q}{\|I\|_q}$ を得る．x_i の式で書けば
$$\left(\frac{|x_1|^p + \cdots + |x_n|^p}{n} \right)^{1/p} \leqq \left(\frac{|x_1|^q + \cdots + |x_n|^q}{n} \right)^{1/q}$$
となる．

例 $xyz = 1$ なる正実数 x, y, z に対して，$\dfrac{x^4}{x+2y} + \dfrac{y^4}{y+2z} + \dfrac{z^4}{z+2x} \geqq 1$ が成り立つことを示そう．Hölder の不等式を
$$X_1 = \left(\frac{x^4}{x+2y}, \frac{y^4}{y+2z}, \frac{z^4}{z+2x} \right)^{\frac{1}{4}}, \quad X_2 = (x+2y, y+2z, z+2x)^{\frac{1}{4}},$$
$$X_3 = X_4 = I = (1,1,1)$$
に適用する．$\|X_1 X_2 I^2\|_1 \leqq \|X_1\|_4 \|X_2\|_4 \|I\|_4^2$ を書き換えると，
$$(\text{示したい式の左辺}) \geqq \frac{(x+y+z)^3}{27}$$

となり，相加・相乗平均の不等式を組み合わせれば，主張を得る．

次も典型的な例です：

【2006 JMO 本選 問題 5】

任意の正の実数 $x_1, x_2, x_3, y_1, y_2, y_3, z_1, z_2, z_3$ に対して不等式
$$(x_1^3 + x_2^3 + x_3^3 + 1)(y_1^3 + y_2^3 + y_3^3 + 1)(z_1^3 + z_2^3 + z_3^3 + 1)$$
$$\geqq A(x_1 + y_1 + z_1)(x_2 + y_2 + z_2)(x_3 + y_3 + z_3)$$
が常に成り立つような実数 A の最大値を求めよ．また A をそのようにとるとき，等号が成立する条件を求めよ． 解答 → p. 32

✹ その他の有名不等式

[定理] (並べ替え不等式)

$x_1 \leqq \cdots \leqq x_n, y_1 \leqq \cdots \leqq y_n$ なる実数 x_i, y_i がある．y_i を並べ替えたものを $y_{i_1}, \ldots, y_{i_n}$ とし，和
$$S(i_1, \ldots, i_n) = x_1 y_{i_1} + \cdots + x_n y_{i_n}$$
を考える．このとき，このうちで最大のものは $S(1, \ldots, n)$, 最小のものは $S(n, \ldots, 1)$ である．つまり
$$x_1 y_1 + \cdots + x_n y_n \geqq x_1 y_{i_1} + \cdots + x_n y_{i_n} \geqq x_1 y_n + \cdots + x_n y_1$$
が成り立つ．

並べ替え不等式は，$n = 2$ の場合を繰り返し適用することで簡単に証明できます．

[定理] (Tchebycheff の不等式)

$x_1 \leqq \cdots \leqq x_n, y_1 \leqq \cdots \leqq y_n$ なる実数 x_i, y_i がある．このとき
$$\frac{x_1 y_1 + \cdots + x_n y_n}{n} \geqq \frac{x_1 + \cdots + x_n}{n} \cdot \frac{y_1 + \cdots + y_n}{n} \geqq \frac{x_1 y_n + \cdots + x_n y_1}{n}$$
が成り立つ．

Tchebycheff の不等式は，第 2 項の n 倍が，すべての $(i_1,\ldots,i_n)$ に対する $S(i_1,\ldots,i_n)$ の平均であることと並べ替え不等式から簡単に証明することができます．

注意 上の 2 つは特殊な場合には，すでに述べた有名不等式と関係があるので考えてみるといいかもしれません．一般的な定理としては変数の多い問題に有効なことがたまにあります．

1.2 解析的方法

数学 III の範囲を勉強したことがある人は，微分により関数の増減が調べられ，さらには最小値を求めたり不等式を証明できることがあるのを知っていることと思います．

数学オリンピックでは微分は出題範囲外とされるため，模範解答とされる解答で微分が用いられることは普通ありませんが，もちろんこのような手段は強力です．

微分による手法を最大限に活用するためには，変数が複数あったり，また ($xyz=1$ のように) ある関係式をみたしながら変数が動くときの関数の増減の調べ方について，(数学 III の範囲を超えて) ある程度の知識をもっておく必要があります．

凸不等式 (Jensen の不等式)

[定義] (関数の凸性)
 任意の x,y および $s+t=1$ なる任意の正実数 s,t に対して
$$f(sx+ty) \leqq sf(x)+tf(y)$$
が成り立つような関数を，下に凸な関数という．逆向きの不等式が成り立つとき，上に凸な関数という．

凸性は微分により確かめることがほとんどです：

[定理]
 $f(x)$ を区間 $a \leqq x \leqq b$ で 2 階微分可能な関数とする．$f(x)$ がこの範囲で下に凸であることと任意の x について $f''(x) \geqq 0$ となることは同値である．

1.2 解析的方法

> **[定理]** (凸不等式 (Jensen の不等式))
> f を下に凸な関数とするとき,$\lambda_1 + \cdots + \lambda_n = 1$ なる任意の正実数 λ_i に対して
> $$f(\lambda_1 x_1 + \cdots + \lambda_n x_n) \leqq \lambda_1 f(x_1) + \cdots + \lambda_n f(x_n)$$
> が成り立つ (上に凸なときは逆向きの不等号が成り立つ).

例 重み付き相加・相乗平均の不等式を,凸不等式により証明しよう.$f(x) = \log x$ は,2 階導関数を計算すればわかるように上に凸な関数である.よって $\lambda_1 + \ldots + \lambda_n = 1$ なる正実数に対して
$$f(\lambda_1 x_1 + \cdots + \lambda_n x_n) \geqq \lambda_1 f(x_1) + \cdots \lambda_n f(x_n)$$
が成り立つ.両辺の,関数 e^x における値を比較すると $\lambda_1 x_1 + \cdots + \lambda_n x_n \geqq x_1^{\lambda_1} \cdots x_n^{\lambda_n}$ が得られる.

次の問題では凸不等式が綺麗に決まります:

> **【2005 JMO 本選 問題 3】**
> 正の実数 a, b, c が $a + b + c = 1$ をみたしているとき,
> $$a\sqrt[3]{1+b-c} + b\sqrt[3]{1+c-a} + c\sqrt[3]{1+a-b} \leqq 1$$
> を示せ.

解答 $f(x) = \sqrt[3]{x}$ は上に凸な関数なので,任意の $x, y, z \geqq 0$ に対して
$$f(ax + by + cz) \geqq af(x) + bf(y) + cf(z)$$
が成り立つ.この式で $x = 1+b-c, y = 1+c-a, z = 1+a-b$ とすれば主張を得る. ◆

他には $x + y + z = (一定)$ のもとで $f(x) + f(y) + f(z)$ を評価する際に使われます.そのときは次が便利です:

[定理]
f を下に凸な関数とする. 実数 $a < b < c < d$ が $a + d = b + c$ をみたすとき, $f(a) + f(d) \geqq f(b) + f(c)$ が成り立つ.

証明 $a < b < c < d$ より
$$b = pa + qd, \qquad p + q = 1, \qquad p, q > 0$$
$$c = ra + sd, \qquad r + s = 1, \qquad r, s > 0$$
なる p, q, r, s がとれる. また $b + c = a + d$ より $p + r = 1, q + s = 1$ である. よって凸不等式より
$$f(b) + f(c) \leqq \bigl(pf(a) + qf(d)\bigr) + \bigl(rf(a) + sf(d)\bigr) = f(a) + f(c)$$
となり示された. ◆

IMO の問題から, やや複雑な適用例を見ておきましょう：

【2001 IMO 問題 2】
任意の正の実数 a, b, c に対し,
$$\frac{a}{\sqrt{a^2 + 8bc}} + \frac{b}{\sqrt{b^2 + 8ca}} + \frac{c}{\sqrt{c^2 + 8ab}} \geq 1$$
を示せ.

解答 凸不等式を使える状況にするために変数変換をする. $\dfrac{a}{\sqrt{a^2+8bc}} = \bigl(1+(8bc/a^2)\bigr)^{-1/2}$ に注目して, $f(x) = (1+x)^{-1/2}$, $x = \dfrac{8bc}{a^2}, y = \dfrac{8ca}{b^2}, z = \dfrac{8ab}{c^2}$ とおく. $xyz = 8^3$ であり, 示すべき不等式は $f(x) + f(y) + f(z) \geqq 1$ である. $xyz = 8^3$ という条件では凸不等式を使いにくいので, $g(x) = (1+e^x)^{-1/2}$, $X = \log x, Y = \log y, Z = \log z$ とおく. $X + Y + Z = 3\log 8$ のもとで $g(X) + g(Y) + g(Z) \geqq 1$ を示せばよい.

$g''(x) = \dfrac{1}{4} e^x (1+e^x)^{-5/2}(e^x - 2)$ であるから, $g(x)$ は $x \leqq \log 2$ の範囲で上に凸, $x \geqq \log 2$ の範囲で下に凸である.

X, Y, Z のうちで $\log 2$ 未満のものの個数を k とおく. $X + Y + Z = 3\log 8$ なので $k \leqq 2$ である. $k = 2$ のときは, $X, Y \leqq \log 2$ とすれば, 凸不等式より $g(X) + g(Y) \geqq g(X + Y - \log 2) + g(\log 2)$ となるので $k = 1$ の場合に帰着できる.

したがって, $X, Y \geqq \log 2$ として示せばよい. この場合, さらに凸不等式より $X = Y$ のときに帰着できる. 変数変換する前の状況に戻ると, 結局 $x = y$, $xyz = 8^3$ の条件下で $f(x) + f(y) + f(z) \geqq 1$ を示せばよいことになる. (この解答で凸不等式を用いたのはこの部分だけである. このようにある点を境に凸性が入れ替わる場合は凸不等式だけで解決できないことも多いが, ある程度の結論を得ることはできる.)

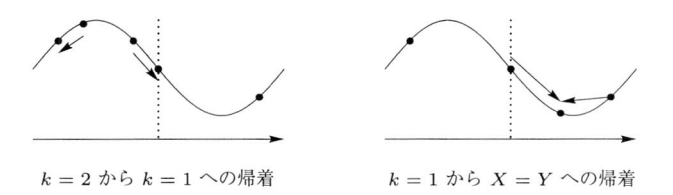

$k = 2$ から $k = 1$ への帰着

$k = 1$ から $X = Y$ への帰着

この場合 $z = 8^3/x^2$ なので, $f(x) + f(y) + f(z)$ は x だけの関数で書ける. 簡単のため $t = x/8$ とおくと, 結局正実数 t に対して

$$h(x) = 2(1+8t)^{-1/2} + \left(1 + \frac{8}{t^2}\right)^{-1/2} \geqq 1$$

を示せばよいことになる.

ここまでくれば受験数学でやるような計算とたいして変わらない. 両辺を 2 乗するなどして多項式関数の不等式に帰着していけばよい. 実行してみると, 示すべき不等式は

$$t^2 - 16t + 6 > 0 \quad \text{または} \quad 2t^5 + 24t^3 - 65t^2 + 48t - 9 > 0$$

となる ($\sqrt{A} \geqq B \iff B < 0$ または $A \geqq B^2$ という形の変形をするときに 2 つ条件が出てくる).

後者は $(t-1)^2(2t^3 + 4t^2 + 30t - 9)$ と因数分解できるので, $8 - \sqrt{58} < t < 8 + \sqrt{58}$ の範囲で $2t^3 + 4t^2 + 30t - 9 > 0$ を示せばよく, あとは容易なので省略する. ◆

注意 上の解答の最後の変形で 5 次式が $(t-1)^2$ で割りきれたのは偶然ではない. 一般に多項式 $f(t)$ に対して, $t = a$ の近くで f が定符号かつ $f(a) = 0$ ならば f は $(t-a)^2$ で割りきれる. つまり正しい問題文で正しく式変形していれば, このような因数分解は必ず可能である. このようなことを知っておくと式変形の役に立つし, 計算ミスも発見しやすいだろう.

次も凸不等式を単に使うだけでは解けない問題です:

【1997 JMO 問題 2】

任意の正の実数 a, b, c に対し,
$$\frac{(b+c-a)^2}{(b+c)^2+a^2} + \frac{(c+a-b)^2}{(c+a)^2+b^2} + \frac{(a+b-c)^2}{(a+b)^2+c^2} \geq \frac{3}{5}$$
を示せ.

解答 → p. 33

✺ 偏 微 分

[定義] (偏微分)

$x_1, \ldots, x_n$ を変数とする関数 $f(x_1, \ldots, x_n)$ に対し, x_i 以外を固定して f を x_i の (1 変数) 関数と見なしたときの微分を, f の x_i に関する**偏導関数**といい, $\dfrac{\partial f}{\partial x_i}$ と書く.

例 $f(x,y,z) = x^2 y + y^2 \sin z$ とするとき, $\dfrac{\partial f}{\partial x}(x,y,z) = 2xy$, $\dfrac{\partial f}{\partial y}(x,y,z) = x^2 + 2y \sin z$, $\dfrac{\partial f}{\partial z}(x,y,z) = y^2 \cos z$ である.

注意 以下の議論のほとんどは, 変数が n 個のときに成り立つことだが, 記述が複雑になるのを避けるため, 定理や定義のほとんどをあえてすべて 2 変数 (x と y) で記述することにする.

注意 以下この節で扱う関数はすべて「十分滑らか」なものだとする. 厳密にいうと「C^1 級関数」ということになるが, 大体「微分可能みたいなもの」と思っていればよい. 細かい所まで気になる人は, 解析学の教科書を読んでみるとよい.

[定義] (極大・極小)

関数 f が (a, b) の近くで定義されており, 十分近い範囲で見れば (a, b) において最大になっているとき, f は (a, b) で**極大**であるという. 極小も同様に定義する. その点で極大または極小となる点 (a, b) を**極値点**という.

1 変数のときと同じように, 極値点では関数の偏微分が 0 になることがわかります:

[定理]

　f が (a,b) で極大 (または極小) となるとき, $\dfrac{\partial f}{\partial x}(a,b) = \dfrac{\partial f}{\partial y}(a,b) = 0$ が成り立つ.

✱ コンパクト集合と最大値の定理

$f(x,y) \geqq A$ という不等式 (A は定数) の証明は, $f(x,y)$ に最小値があることがわかっていれば, このような不等式は微分により極値点を調べることで解くことができます. ですから最大値や最小値の存在を示す方法を知っておくととても便利です.

[定義] (コンパクト集合)

　$X \subset \mathbb{R}^n$ が閉集合であるとは, X 内の任意の収束点列 $\{x_n\}$ に対して $\lim\limits_{n\to\infty} x_n$ もまた X の元となることをいう. また, X が有界であるとは, ある $M > 0$ が存在して, $X \subset \bigl\{(x_1,\ldots,x_n) \bigm| -M \leqq x_i \leqq M \bigr\}$ が成り立つことをいう. 有界な閉集合をコンパクト集合という.

注意　「閉集合」という言葉をはじめて聞く人は,「境界も含んだ」集合のことと思っておけばよい.

例　$\{(x,y) \mid x^2 + y^2 \leqq 1\}$ やその境界 $\{(x,y) \mid x^2 + y^2 = 1\}$ はコンパクトである. $\{(x,y) \mid x^2 + y^2 < 1\}$ はコンパクトではない. また X をコンパクト集合, f を連続関数とするとき, $\{(x,y) \in X \mid f(x,y) = (定数)\}$ で定まる集合はコンパクトになる.

[定理] (最大値の定理)

　X をコンパクト集合, $f\colon X \longrightarrow \mathbb{R}$ を X 上の連続関数とするとき, f は X 上で最大値, 最小値をもつ.

例　周の長さが 6 の三角形の面積が $\sqrt{3}$ 以下であることを証明しよう.

　周の長さが 3 で辺の長さが $x, y, 6 - x - y$ の三角形の面積の 2 乗は, $f(x,y) =$

$3(3-x)(3-y)(x+y-3)$ となる (Heron の公式). x, y の動く範囲は次のような有界領域 D である:

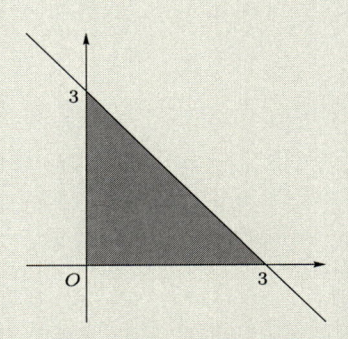

ここで境界上の点は「退化した三角形」に対応するので本来は考える対象外だが,これらの点も定義域に含めておくことにする (定義域をコンパクトにするため).

D はコンパクトなので, f は D 上で最大値をもつ. 境界上では $f(x,y) = 0 < f(2,2)$ なので, 最大値は D の内部でとる. したがって, 最大値をとる点は極値点でもある.

f の極値点を求めるため偏微分を計算すると,
$$\frac{\partial f}{\partial x}(x,y) = 3(3-y)(-2x-y+6), \qquad \frac{\partial f}{\partial y}(x,y) = 3(3-x)(-2y-x+6)$$
となるので極値点は $-2x-y+6 = -2y-x+6 = 0$ となる (x,y), つまり $(2,2)$ である. 以上より f の最大値は $f(2,2) = 3$ とわかり, 示された.

注意 上の例では最大値の存在を保証してしまえば, あとは初等幾何的にも示せる (面積が最大になる三角形を考えれば, $x = y = z$ であることが幾何的にわかる) が, この場合も最大値の存在を示しておく必要がある.

注意 上の例で, 3 変数関数 $f(x,y,z) = 3(3-x)(3-y)(3-z)$ に対する微分により最大値が求められないかと思うのは自然だろう. この場合変数の条件 $x+y+z = 6$ が厄介で, たとえば $(2,2,2)$ は極値とならない. 極値は「その点の近くのすべての点で」見たときに最大または最小となっている点のことを指すので, 条件 $x+y+z = 6$ のもとで関数を考えたいときは別の方法が必要となる. このようにある条件下での極値を考える方法としては次項で扱う **Lagrange の未定乗数法**がある.

1.2 解析的方法

✺ Lagrange の未定乗数法

> [定理] (Lagrange の未定乗数法)
> 変数 (x, y) が束縛条件 $g(x, y) = 0$ をみたしながら動くとき, $f(x, y)$ の極値点は
> $$\frac{\partial g}{\partial x}(x, y) = \frac{\partial g}{\partial y}(x, y) = 0$$
> または
> $$\frac{\partial (f - \lambda g)}{\partial x}(x, y, \lambda) = \frac{\partial (f - \lambda g)}{\partial y}(x, y, \lambda) = \frac{\partial (f - \lambda g)}{\partial \lambda}(x, y, \lambda) = 0$$
> をみたす.

この定理の利点としては,
- 束縛条件が $x^2 + y^2 = 1$ など, 綺麗に変数を消去しにくいときにも適用できる.
- 変数の対称性を保ったまま議論ができる.

ということが挙げられるでしょう.

例 x, y, z が $x + y + z = 6$, $0 < x, y, z < 3$ をみたしながら動くとき, $f(x, y, z) = 3(3-x)(3-y)(3-z)$ の極値点を求めよう (p. 23 下の例と同じ問題).

Lagrange の未定乗数法より, 極値点 (x, y, z) に対してある λ が存在して

$$-3(3-y)(3-z) - \lambda = -3(3-x)(3-z) - \lambda = -3(3-x)(3-y) - \lambda = -(x+y+z-6)$$

が成り立つ. これより $x = y = z = 2$ が極値点であることがわかる.

例 $x^2 + y^2 + z^2 = 1$ のもとで $x + y + z$ の最大値および最小値を求めよう 定義域はコンパクトなので最大値および最小値は必ず存在し, これらは極値でもある. Lagrange の未定乗数法を用いて極値を求めよう. 極値をとる点 (x, y, z) はある λ に対して

$$1 - 2x\lambda = 1 - 2y\lambda = 1 - 2z\lambda = -(x^2 + y^2 + z^2 - 1) = 0$$

をみたす. これより $x = y = z = 3^{-1/2}$ および $x = y = z = -3^{-1/2}$ が極値点であることがわかり, 求める最大値および最小値が $3^{1/2}$, $-3^{1/2}$ だとわかる.

注意 この定理は有名なので一応紹介しましたが，残念ながら JMO や IMO の不等式の問題では，Lagrange の未定乗数法がその他の方法に比べて有効 (計算しやすくなる) という場合はあまりないように思われます．万が一使う場合も，正確な議論をするのに注意が必要です．

1.3 小 技 集

この節ではより限定的な状況でのテクニックを紹介しておきます．

✸ 項ごとに評価

式を通分・展開し，Muirhead の不等式と Schur の不等式を用いて示そうとしても，問題によっては通分・展開のステップが困難，あるいはとても面倒な場合があります．そのようなときに有効であることが多い手法の 1 つとして，項ごとに評価して足し合わせるという方針があります．たとえば，

$$f(a,b,c) + f(b,c,a) + f(c,a,b) \geqq 1$$

を示せ，という形の問題のときに，

$$f(a,b,c) \geqq \frac{a^p}{a^p + b^p + c^p}$$

が成り立つ実数 p を見つければ示すことができます．$f(a,b,c)$ が b, c について対称である場合にうまくいくことが多いです．

例 正の実数 x, y, z に対し，$\dfrac{x^2}{y^2 + yz + z^2} + \dfrac{y^2}{z^2 + zx + x^2} + \dfrac{z^2}{x^2 + xy + y^2} \geqq 1$ が成り立つことを示そう (Muirhead の不等式の項でも証明しました)．まず，$\dfrac{x^2}{y^2 + yz + z^2} \geqq \dfrac{x^p}{x^p + y^p + z^p}$ となるであろう p を求めてみる．この式を整理すると，$x^p + y^p + z^p \geqq x^{p-2}(y^2 + yz + z^2)$ となる．もしこの不等式が重み付き相加・相乗平均の不等式で示せるとすると，各変数に着目したとき，(係数) × (次数) の和が両辺で等しくならなければならないから，x の次数に着目して，$p = 3(p-2)$ を解いて $p = 3$ と限定できる．そこで $p = 3$ について上の不等式を示すことにするが，これは重み付き相加・相乗平均の不等式を組み合わせればわかる．

次の問題は凸不等式の節でも紹介しました．そこではなかなか複雑でしたが，前例と同様の方法では鮮やかにできます．

【2001 IMO 問題 2】

正の実数 a, b, c に対し,
$$\frac{a}{\sqrt{a^2+8bc}} + \frac{b}{\sqrt{b^2+8ca}} + \frac{c}{\sqrt{c^2+8ab}} \geq 1$$
が成り立つことを示せ.

解答 例と同様に考えることで,
$$\frac{a}{\sqrt{a^2+8bc}} \geq \frac{a^{\frac{4}{3}}}{a^{\frac{4}{3}}+b^{\frac{4}{3}}+c^{\frac{4}{3}}}$$
を示せばよいとわかる. これは式を整理すれば, 重み付き相加・相乗平均の不等式から従う. ◆

次も同様ですので練習問題としましょう:

【2010 JMO 本選 問題 4】

正の実数 x, y, z に対し,
$$\frac{1+xy+xz}{(1+y+z)^2} + \frac{1+yz+yx}{(1+z+x)^2} + \frac{1+zx+zy}{(1+x+y)^2} \geq 1$$
が成り立つことを示せ.

解答 → p. 34

つねに $\dfrac{a^p}{a^p+b^p+c^p}$ でうまくいくとは限りませんが, 似たような形でいくつか試行錯誤してみると適切な評価が見えてくることもあります (またそのような思考は, 模範解答のような巧妙な変形での解法につながる場合もあります). 一例を挙げておきましょう.

【2005 IMO 問題 3】

x, y, z は $xyz \geq 1$ をみたす正の実数とする. 次の不等式を示せ:
$$\frac{x^5-x^2}{x^5+y^2+z^2} + \frac{y^5-y^2}{y^5+z^2+x^2} + \frac{z^5-z^2}{z^5+x^2+y^2} \geq 0$$

→ p. 12, p. 31

解答 この問題も Muirhead の不等式の項で練習問題にしましたがうまく解くことができます.

まず, 示すべき不等式を,

$$\frac{x^2+y^2+z^2}{x^5+y^2+z^2} + \frac{y^2+z^2+x^2}{y^5+z^2+x^2} + \frac{z^2+x^2+y^2}{z^5+x^2+y^2} \leq 3$$

と変形する. 斉次化

$$\frac{x^2+y^2+z^2}{x^5+y^2+z^2} \leq \frac{x^2+y^2+z^2}{\frac{1}{xyz}x^5+y^2+z^2}$$

を考えたあと,

$$\frac{x^2+y^2+z^2}{\frac{1}{xyz}x^5+y^2+z^2} \leq \frac{3}{2} \cdot \frac{y^p+z^p}{x^p+y^p+z^p}$$

の形の式を証明することにする. 式を整理すると

$$3x^4(y^p+z^p) + yz(y^2+z^2)(y^p+z^p) \geqq 2x^{p+2}yz + 2x^p yz(y^2+z^2) + 2x^2 yz(y^p+z^p)$$

となる. x の次数に着目し, $24 = 2(p+2) + 4p + 8$ を解くと, $p = 2$ となるので $p = 2$ について上の不等式を示す. これはやはり重み付き相加・相乗平均の不等式を用いて確認できる. ◆

✸ 特殊な変数変換

今までの問題のいくつかでは変数変換を用いてきました. 具体的には, 三角形の三辺の長さに対するもの, 凸不等式を使える状況への変換といったものです. また, 斉次化や有名不等式への代入も変数変換の一種といえるでしょう. 一見難しい問題も簡単な不等式に複雑な変換を施しただけということもあります.

このように不等式では状況に応じて, 適切な変数変換をすることは非常に有効です. 不等式が簡単になる, 変数の動く範囲がうまく言い換えられるといったものがよい変数変換といえるでしょう. ただし, どのような変数変換をすればうまくいくかというのは簡単なことではありません. ここではある状況に適用できる特殊な変数変換を例題を通して扱います.

【2000 IMO 問題 2】
$abc = 1$ をみたす正の実数 a, b, c に対し,
$$\left(a - 1 + \frac{1}{b}\right)\left(b - 1 + \frac{1}{c}\right)\left(c - 1 + \frac{1}{a}\right) \leqq 1$$
が成り立つことを示せ.

解答 $abc = 1$ という条件の場合, 正の実数 x, y, z を用いて $a = \dfrac{x}{y}, b = \dfrac{y}{z}, c = \dfrac{z}{x}$ と変換するのが有効なことがある. (具体的には, たとえば $x = ab, y = b$,

$z = 1$ とすればよい).

この問題の与式の場合には,
$$\left(\frac{x}{y} - 1 + \frac{z}{y}\right)\left(\frac{y}{z} - 1 + \frac{x}{z}\right)\left(\frac{z}{x} - 1 + \frac{y}{x}\right) \leqq 1$$
と変換できる．これは整理すると Schur の不等式になるので証明が終わる． ◆

【2008 IMO 問題 2(a)】

$xyz = 1$ をみたす 1 でない実数 x, y, z に対し，
$$\frac{x^2}{(x-1)^2} + \frac{y^2}{(y-1)^2} + \frac{z^2}{(z-1)^2} \geqq 1$$
が成り立つことを示せ． → p. 35

$xyz = 1$ ですが，前問とは別の変換を用います．つねにうまくいくわけではないですが，示すべき不等式に現れる式を新たな変数においてしまうという方法です．

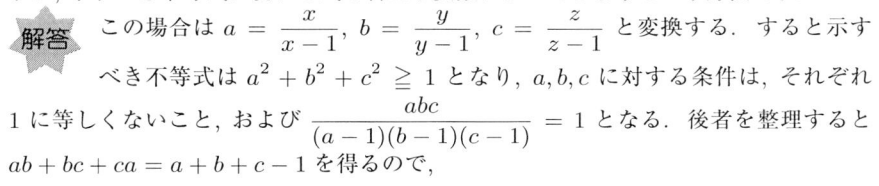

解答 この場合は $a = \dfrac{x}{x-1}$, $b = \dfrac{y}{y-1}$, $c = \dfrac{z}{z-1}$ と変換する．すると示すべき不等式は $a^2 + b^2 + c^2 \geqq 1$ となり，a, b, c に対する条件は，それぞれ 1 に等しくないこと，および $\dfrac{abc}{(a-1)(b-1)(c-1)} = 1$ となる．後者を整理すると $ab + bc + ca = a + b + c - 1$ を得るので，
$$a^2 + b^2 + c^2 = (a+b+c)^2 - 2(ab+bc+ca) = (a+b+c)^2 - 2(a+b+c) + 2$$
$$= (a+b+c-1)^2 + 1 \geqq 1$$
となりよい． ◆

注意 この問題については 1.4 節でも取り上げるので参照してください．なお，
$$(問題文の左辺) - 1 = \left(\frac{(\frac{1}{x} + \frac{1}{y} + \frac{1}{z} - 3)}{(x-1)(y-1)(z-1)}\right)^2$$
となるのがわかります．つまり，実は $A^2 \geqq 0$ を変換しただけの問題になっています．

【2006 IMO 問題 3】

任意の実数 a, b, c に対して不等式
$$\left|ab(a^2 - b^2) + bc(b^2 - c^2) + ca(c^2 - a^2)\right| \leq M(a^2 + b^2 + c^2)^2$$
が成り立つような最小の実数 M を求めよ．

対称式なので Bunching が使えればよいのですが，いかにも「$a = b = c$ が等号」と

はならなさそうなのでこの問題の場合は使えません．等号が成立する (a,b,c) の位置は，あまり単純ではなさそうです．こういう等号成立条件が読めない場合には，微分の手法が有効なことが多いように思います．

解答 さて，解答にうつろう．まず絶対値を扱うのが面倒なので，両辺を 2 乗することで絶対値を外す．実行すると両辺は 8 次式になり，(対称式) $\geqq$ (対称式) の形の不等式に帰着される．対称式になるのが 2 乗したメリットで，対称式特有の変数変換ができる．つまりこの式は基本対称式

$$s = a+b+c, \qquad t = ab+bc+ca, \qquad u = abc$$

を変数とする多項式を用いて $g(s,t,u) \geqq h(s,t,u)$ と表せる (対称式の基本定理)．こうすると変数の対称性は失われるが，式の次数は下がる．等号条件の点が $a=b=c$ などではないと予想されるため，変数の対称性を残すメリットもあまりなさそうだし，変数変換をしてしまおう．

s に関しては 8 次の項が出てくる可能性があるが，t, u については高々 4 次の多項式で，特に u については高々 2 次式となることが (実際に計算をしなくても) わかる．さらに斉次式なので $s = 1$ という条件をつけることができるので，結局「4 次以下で，さらに u について 2 次以下であるような多項式」の間の不等式に帰着される．2 次式の増減はすぐ調べられるので，結局すぐに 1 変数 4 次式の間の不等式に帰着され，あとは容易な作業になる ((s,t,u) としては任意の実数の 3 つ組をとれるわけではないので少し注意が必要だが，特に難しい考え方が要求されるわけではない)．

最初のステップは計算が大変なので気が進まないかもしれないが，ここまでの思考は「実際に計算してみなくてもわかる」ことで，このようにあらかじめ解答までの道筋が見えてしまえば最初の計算もそこまで大変に感じずに実行できるだろう．対称式の書き換えでは p. 12 で述べたような検算にも気をつけてほしい．

さて，さらにもう 1 つ変数の範囲が全実数であることを利用した変換を紹介しておこう．上では基本対称式を用いたが，一見複雑な変換を用いる．しかし，こちらは変数の動く範囲が非常に簡単であったり，等号成立条件の考察が楽になるなど，基本対称式を用いるよりも優れた点がある．

まず

$$\alpha = -2a+b+c, \qquad \beta = a-2b+c, \qquad \gamma = a+b-2c$$

とおき，さらに

$$A = a+b+c, \qquad T = \alpha\beta + \beta\gamma + \gamma\alpha, \qquad U = \alpha\beta\gamma$$

とする．$\alpha + \beta + \gamma = 0$ に注意すると a,b,c の対称式は A, T, U を用いて書くことが

できるとわかる ($a = \dfrac{A-\alpha}{3}, b = \dfrac{A-\beta}{3}, c = \dfrac{A-\gamma}{3}$ を代入する). このとき A, T, U は $T \leqq 0, U^2 \leqq -\dfrac{4}{27}T^3$ という範囲を動きます. 1つ目の等号成立条件は $a = b = c$, 2つ目の等号成立条件は $(a-b)(b-c)(c-a) = 0$ となる (つまりどれか2つが等しい). それでは, この問題を解いてみよう.

与式を2乗したものが

$$9(-4T^3 - 27U^2)A^2 \leqq M^2(3A^2 - 2T)^4$$

と同値となり, M の最小値を求めるには $U = 0$ の下で考えれば十分だとわかる. $A^2 = -kT$ とおいて k の関数の挙動を微分を用いて調べれば $k = \dfrac{2}{9}$ で等号が成立するようにすればよくなり, 最小値として $M = \dfrac{9\sqrt{2}}{32}$ が求まる. ◆

1.4 JMO・IMO の問題

最後に, 具体的な近年の問題を通して, どのような方針がどのように機能するかを見ていきましょう. はじめの方に前節までに挙げた練習問題を集めておきます.

【2005 IMO 問題 3】

x, y, z は $xyz \geqq 1$ をみたす正の実数とする. 次の不等式を示せ:

$$\frac{x^5 - x^2}{x^5 + y^2 + z^2} + \frac{y^5 - y^2}{y^5 + z^2 + x^2} + \frac{z^5 - z^2}{z^5 + x^2 + y^2} \geqq 0.$$

→ p. 12, p. 27

解答 対称式で, すべての変数の積が1に等しいときに等号が成り立つので, 通分・展開したあとで Bunching の手法が使えそうだ. 変数の条件が少し特殊 ($xyz = 1$ ではなく不等式の形) なので斉次化された不等式に帰着できないが, 手法としては変わらない. なお, この問題を完答した日本選手はいずれもおおむねこのような方法だったようだ.

さて実際に計算を実行してみると次のようになる:

$S(i, j, k)$ という記号を p. 10 の例と同じように使う. $xyz \geqq 1$ より $S(i+1, j+1, k+1) \geqq S(i, j, k)$ である.

示すべき不等式の分母を払い, 展開して整理すると次のようになる:

$$3S(5,5,5) + 12S(7,5,0) + 3S(9,0,0) + 3S(5,2,2)$$
$$\geqq 3S(5,5,2) + 6S(5,4,0) + 3S(6,0,0) + 6S(4,2,0) + 3S(2,2,2).$$

$S(i+1, j+1, k+1) \geqq S(i,j,k)$ と Muirhead の不等式だけではこの不等式は示すことはできないが, 一部をうまく相加・相乗平均の不等式で処理することで示せる. 実際次の不等式を足し合わせればよい：

- $3S(9,0,0) + 3S(5,2,2) \geqq 6S(7,1,1) \geqq 3S(7,1,1) + 3S(6,0,0)$：相加・相乗平均の不等式 $x^9 + x^5y^2z^2 \geqq 2x^7yz$ の変数を入れ替えたものを足し合わせると得られる.
- $3S(5,5,5) \geqq 3S(2,2,2)$.
- $3S(7,5,0) \geqq 3S(5,5,2)$：Muirhead の不等式.
- $6S(7,5,0) \geqq 6S(6,5,1) \geqq 6S(5,4,0)$：Muirhead の不等式.
- $3S(7,5,0) \geqq 3S(6,4,2) \geqq 3S(4,2,0)$：Muirhead の不等式.
- $3S(7,1,1) \geqq 3S(5,3,1) \geqq 3S(4,2,0)$：Muirhead の不等式.

Muirhead の不等式だけでは $S(5,2,2) \geqq$ (右辺の項の一部) という形の不等式をつくれないので, 比較的「余裕のある項」である $S(9,0,0)$ の力を借りて不等式をつくっている. 機械的な式変形のようでこのようにうまく項を組み合わせるのは慣れていないと難しいので, 是非自分の手でも計算を実行して考え方に慣れておいてもらいたい.

◆

【2006 JMO 本選 問題 5】

任意の正の実数 $x_1, x_2, x_3, y_1, y_2, y_3, z_1, z_2, z_3$ に対して不等式

$$(x_1^3 + x_2^3 + x_3^3 + 1)(y_1^3 + y_2^3 + y_3^3 + 1)(z_1^3 + z_2^3 + z_3^3 + 1)$$
$$\geqq A(x_1 + y_1 + z_1)(x_2 + y_2 + z_2)(x_3 + y_3 + z_3)$$

が常に成り立つような実数 A の最大値を求めよ. また A をそのようにとるとき, 等号が成立する条件を求めよ. → p. 17

解答　ひとまず, 解答を述べる.

$t = 6^{-1/3}$ とし,

$$X = (x_1, x_2, x_3, t, t, t, t, t, t), \qquad Y = (t, t, t, y_1, y_2, y_3, t, t, t),$$
$$Z = (t, t, t, t, t, t, z_1, z_2, z_3)$$

に対して Hölder の不等式を適用する. $\|XYZ\|_1 \leqq \|X\|_3 \|Y\|_3 \|Z\|_3$ を書き換えると,

(問題文の左辺) $\geqq t^6(x_1+x_2+x_3+y_1+y_2+y_3+z_1+z_2+z_3)^3$

を得る．相加・相乗平均の不等式より，この右辺は $t^6 \cdot 3^3(x_1+y_1+z_1)(x_2+y_2+z_2)(x_3+y_3+z_3)$ 以上なので，$A=t^6 \cdot 3^3=\dfrac{3}{4}$ に対する問題の不等式が得られる．この A が最大であることや，等号が成立する条件が $x_1=x_2=x_3=y_1=y_2=y_3=z_1=z_2=z_3=6^{-1/3}$ であることも以上の議論から容易にわかる．

解答は上のように Hölder の不等式を用いれば可能なわけだが，そのようなアイデアにたどり着く前にどうするべきかを 1 つ説明しておく．不等式の問題では，「等号条件はいつか」の見当をつけておくことがかなり重要となる．この問題では等号成立がいつかはよくわからないが，とりあえず

- x_i, y_i, z_i がすべて等しいときなのではないか

という見当をつけてみよう．すべてを t とおき，正実数 t に対して $(3t^3+1)^3 \geqq A \cdot 27t^3$ が成り立つ A の最大値とそのときの t を求める．これはほとんど受験数学で，簡単な微分の計算により等号が $t=6^{-1/3}$ のときだとわかる．

すると，x_i, y_i, z_i の変数と定数 1 を対等に扱って式変形するよりも，「1 は 1/6 が 6 つ集まっている」と見た方がいいという気がしてくるのではないだろうか．このような思考を経れば，解答のような式変形に至るのはそこまで難しくないように思う．◆

【1997 JMO 問題 2】

任意の正の実数 a, b, c に対し，
$$\frac{(b+c-a)^2}{(b+c)^2+a^2}+\frac{(c+a-b)^2}{(c+a)^2+b^2}+\frac{(a+b-c)^2}{(a+b)^2+c^2} \geqq \frac{3}{5}$$
を示せ．
→ p. 22

凸不等式を使います．そのために $a+b+c=1$ という制約条件をつけて斉次化の逆をします．

解答 $a+b+c=1$ とすると
$$\frac{(b+c-a)^2}{(b+c)^2+a^2}=2-\frac{1}{2a^2-2a+1}$$

と変形できることから，$f(x)=\dfrac{1}{2x^2-2x+1}$ とおいて，$f(a)+f(b)+f(c) \leqq \dfrac{27}{5}$ を示す．f は $x=\dfrac{1}{2}$ について対称で，$0 \leqq x \leqq \dfrac{1}{2}$ で単調増加であることから $a, b, c \leqq \dfrac{1}{2}$ としてよい．f の 2 階導関数は
$$f''(x)=\frac{4\bigl(6(x-\frac{1}{2})^2-\frac{1}{2}\bigr)\bigl(2(x-\frac{1}{2})^2+\frac{1}{2}\bigr)}{(2x^2-2x+1)^4}$$

となるから, f は $\dfrac{3-\sqrt{3}}{6} \leqq x \leqq \dfrac{3+\sqrt{3}}{6}$ においてのみ上に凸とわかる. さらに,

$$2f\left(\dfrac{3-\sqrt{3}}{6}\right) + f\left(\dfrac{1}{2}\right) = 2 \cdot \dfrac{3}{2} + 2 < \dfrac{27}{5}$$

であることに注意すれば, a,b,c のうち 2 つ以上は $\dfrac{3-\sqrt{3}}{6}$ 以上だとしてよく, 凸不等式により a,b,c のうち 2 つは等しいとしてよい. そこで $a=b, c=1-2a$ として整理すれば, $0 \leqq (3a-1)^2\bigl((12a-5)^2+11\bigr)$ と明らかな主張になる. ◆

【2010 JMO 本選 問題 4】

正の実数 x,y,z に対し,

$$\dfrac{1+xy+xz}{(1+y+z)^2} + \dfrac{1+yz+yx}{(1+z+x)^2} + \dfrac{1+zx+zy}{(1+x+y)^2} \geq 1$$

が成り立つことを示せ. → p. 27

解答 項ごとに評価をしよう.

まず

$$\dfrac{1+xy+xz}{(1+y+z)^2} \geqq \dfrac{x^p}{x^p+y^p+z^p}$$

を考える.

整理すると,

$$x^{p+1}(y+z) + x^p + x(y+z)(y^p+z^p) + y^p + z^p \geqq x^p(y+z+1)^2$$

となる. x の次数に着目して, $2(p+1)+p+4=9p$ をみたすのは $p=1$ とわかる. そこで $p=1$ について上の不等式を示す. 展開すると,

$$x^2 y + x^2 z + y + z \geqq 2xy + 2xz$$

となるが, これは, 相加・相乗平均の不等式より

$$x^2 y + y \geqq 2xy, \qquad x^2 z + z \geqq 2xz$$

であるから成り立つ. ◆

【2008 IMO 問題 2】
(a) $xyz = 1$ をみたす 1 でない実数 x, y, z に対し，
$$\frac{x^2}{(x-1)^2} + \frac{y^2}{(y-1)^2} + \frac{z^2}{(z-1)^2} \geqq 1$$
が成り立つことを示せ．
(b) $xyz = 1$ をみたす 1 でない有理数 x, y, z の組であって，上の不等式の等号を成立させるものが無数に存在することを示せ．　　→ p. 29

解答　簡単な解説だけしよう．(b) の設問から，等号成立条件は「x, y, z がある関係式をみたすとき」というような形になりそうだという予測がつく．等号条件はあまり簡単ではなさそうだし，Bunching は使えない．また $f(x) + f(y) + f(z)$ という形の式の評価なので凸不等式が強力そうな場面だが，変数の条件が $xyz = 1$ なのでこのままではうまくいかない．p. 20 [2001 IMO 問題 2] のように log をとって $X + Y + Z = 0$ なる変数に置き換えたいところだが，この場合 $x, y, z > 0$ とは限らないのでこれもうまくいかないようになっている．

またこの問題の場合，等号が成り立つ点の範囲が有界領域に収まらないので，極値点を調べるだけではだめでもう少し慎重に増減を調べなければならない．

他に微分を使おうとすると，次のような方法が考えられるだろう：
- $z = \dfrac{1}{xy}$ により 2 変数関数にした後，$s = x + y$, $t = xy$ の式で表す．
- $s = x + y + z$, $t = xy + yz + zx$, $1 = xyz$ の式で表す．

実際に z を消去し，$s = x + y$, $t = xy$ の式で表し分母を払うと，
$$s^2 + 2(t^2 - 3t)s + (t^4 - 6t^3 + 9t^2) \geqq 0.$$
ここから増減を調べて，と思いきやこの問題では実はこの式が完全平方式になっているので不等式の成立も等号条件も容易に示される．　　◆

【2004 JMO 本選 問題 4】
$a + b + c = 1$ をみたす正の実数 a, b, c に対して
$$\frac{1+a}{1-a} + \frac{1+b}{1-b} + \frac{1+c}{1-c} \leq 2\left(\frac{b}{a} + \frac{c}{b} + \frac{a}{c}\right)$$
が成立することを証明せよ．ただし，等号が成立する条件を述べる必要はない．

解答 対称式ではないが，Bunching とほぼ同様の方法で解決する．つまり 1 を $a+b+c$ に置き換えて通分したあと，重み付き相加・相乗平均の不等式の繰り返しで解くことができる．

具体的に通分・展開して整理しよう．$S(i,j,k)$ という記号を p. 10 と同じように使い，$\widetilde{S}(4,2,0) = \dfrac{1}{3}(a^4b^2 + b^4c^2 + c^4a^2)$ とおくと，示すべき不等式は次のようになる：

$$6S(3,2,1) + 6S(2,2,2) \leqq 6S(3,3,0) + 6\widetilde{S}(4,2,0).$$

ここで Muirhead の不等式より得られる不等式 $6S(3,2,1) \leqq 6S(3,3,0)$ および相加・相乗平均の不等式より得られる不等式 $6S(2,2,2) \leqq 6\widetilde{S}(4,2,0)$ を足し合わせることで主張を得る． ◆

通分・展開の計算も，p. 12「複雑な計算について」で述べたようなことを踏まえれば，この程度の計算ならすぐにできると思います．

このような手法は
- 変数についてある程度対称的である．
- 等号条件が，「すべての変数が等しいとき」である．

という状況下であれば結構うまく働くことが多いように思います (逆にいえば，等号条件が非対称になりそうな場合には，このような方針は望ましくないでしょう)．

【2003 IMO 問題 5】

n を正の整数とする．実数 $x_1, \ldots, x_n$ が $x_1 \leqq x_2 \leqq \cdots \leqq x_n$ をみたしているとする．

(1) 次の不等式を示せ．

$$\left(\sum_{i=1}^{n}\sum_{j=1}^{n} |x_i - x_j|\right)^2 \leqq \frac{2(n^2-1)}{3} \sum_{i=1}^{n}\sum_{j=1}^{n} (x_i - x_j)^2.$$

(2) この不等式で等号が成立するための必要十分が，$x_1, \ldots, x_n$ が等差数列をなすことであることを示せ．

解答 この問題では等号成立条件が与えられており，これが重大なヒントとなる．

大小関係があるので左辺は絶対値が外れて，

$$4\bigl((n-1)x_n + (n-3)x_{n-1} \cdots + (1-n)x_1\bigr)^2$$

と変形できる．右辺は変数に関して対称なので，左辺も対称式で上から評価することを考えると，このまま Cauchy-Schwarz の不等式を使いたいところだが，それでは等号

条件が合わない.しかし, $x_1+\cdots+x_n=0$ のときは自然な Cauchy-Schwarz の不等式の等号条件が (2) の条件と一致する.

実際両辺とも, $(x_1,\ldots,x_n) \longmapsto (x_1+a,\ldots,x_n+a)$ という変換で不変であることに注目すれば $x_1+\cdots+x_n=0$ の場合に帰着することができる.結局

$$4(x_1^2+\cdots+x_n^2)((n-1)^2+\cdots+(1-n)^2) \geqq (右辺)$$

が $x_1+\cdots+x_n=0$ のもとで示されればよいことになるが,計算してみるとこの式で等号が成り立つことがわかり解決する. ◆

【2004 IMO 問題 4】
n は 3 以上の整数とする.$t_1, t_2, \ldots, t_n$ は正の実数であり,

$$n^2+1 > (t_1+t_2+\cdots+t_n)\left(\frac{1}{t_1}+\frac{1}{t_2}+\cdots+\frac{1}{t_n}\right)$$

をみたすとする.$1 \leqq i < j < k \leqq n$ をみたす任意の整数 i, j, k に対して, t_i, t_j, t_k はある三角形の 3 辺の長さとなることを示せ.

解答 示すべきことがやや変則的だが,問題 4 に配置されていることからも読み取れるように,実は比較的簡単な問題だ.一応 2 つほど考え方を挙げておこう.いずれも $n=3$ の場合に帰着するものである.$n=3$ のときの議論は簡単なので省略する.

方法 1: n 変数の不等式では数学的帰納法が使えることがしばしばある.この問題の場合は,

$$(t_1+t_2+\cdots+t_n)\left(\frac{1}{t_1}+\frac{1}{t_2}+\cdots+\frac{1}{t_n}\right)$$
$$= 1 + (t_2+\cdots+t_n)\left(\frac{1}{t_2}+\cdots+\frac{1}{t_n}\right) + \left(\frac{t_2}{t_1}+\frac{t_1}{t_2}\right) + \cdots + \left(\frac{t_n}{t_1}+\frac{t_1}{t_n}\right)$$
$$\geqq 1 + (t_2+\cdots+t_n)\left(\frac{1}{t_2}+\cdots+\frac{1}{t_n}\right) + 2(n-1)$$

が成り立つことを用いれば簡単に $n=3$ の場合に帰着できる.解法も,帰納法を使おうと思えば自然なものだろう.

方法 2: この問題の右辺は Cauchy-Schwarz の不等式より n^2 以上であることがわかる.つまりこの問題は,「Cauchy-Schwarz の不等式での等号に近いということを利用して変数が偏っていないことを示せ」という風に見ることができる.

すると Cauchy-Schwarz の不等式の証明を考えるのは自然であろう.証明法はいく

つかあるが，平方完成による式変形

$$(t_1 + t_2 + \cdots + t_n)\left(\frac{1}{t_1} + \frac{1}{t_2} + \cdots + \frac{1}{t_n}\right) - n^2 = \sum_{1 \leqq i < j \leqq n} \left(\sqrt{\frac{t_i}{t_j}} - \sqrt{\frac{t_j}{t_i}}\right)^2$$

を使うのが簡単だ．この式から問題文の条件を書き換えると，$n = 3$ の場合に帰着できることがすぐにわかる． ◆

Column　IMO 日本代表選手の感想

　　今回は初めての IMO というだけでなく初めての海外行きだった．試験の結果については，日本を出る前というか，試験を受ける前までは，4 問位解けるかなと思っていたのですが，実際には 5 問も解けて金メダルを獲得できた．第 6 問目が解けたことが嬉しかった．
　　他のチームとの交流においては，開会式のために持ってきていた多数のけん玉が，非常に役立った．日本を出発する前には自分のコミュニケーション能力や英語力のなさで，ろくに交流できないのではないかと微妙に心配していたがいろいろな交流ができて安心した．楽しい旅行ができてよかった．
【渡部正樹 (2005 IMO メキシコ大会金メダル, 2006 IMO スロベニア大会金メダル) 筑波大学附属駒場高等学校 2 年, 2005 IMO メキシコ大会日本代表時の感想】

　　IMO に参加した率直な感想は，とても楽しかったということだ．各国の部屋をめぐってホテルの中をさまよい，風呂に入る暇もなかった．下手な英語でも結構多くの人と話ができたと思う．これからは NHK の「とっさの英会話」でも見ようと思う．
　　また，僕は，IMO はもっと簡素なものかと思っていたが，現地に着いたときや開会式の盛り上がりを見て，これだけの人が自分達のために働いてくれることを幸せに思った．また，同行してくださった先生方や，日本で支えてくださった方々にも感謝したい．その与えられた機会を充分に楽しむことができて良かったと思う．
【長尾健太郎 (1997 IMO アルゼンチン大会銀メダル, 1998 IMO 台湾大会金メダル, 1999 IMO ルーマニア大会金メダル, 2000 IMO 韓国大会金メダル) 開成中学校 3 年, 1997 IMO アルゼンチン大会日本代表時の感想】

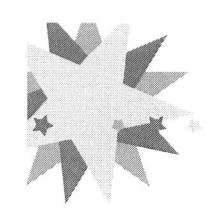

2 関数方程式

関数方程式の問題を解くうえでの鍵として,
- 的確に解を予想すること.
- 与えられた式に何を代入するか.
- 代入して得られた情報をどのように使うか.
- とる値のわかっている部分から, より広い部分にわかる範囲を広げること.

といったことが挙げられるでしょう.

この章では上記のことを中心に, ただがむしゃらに代入したりするのではなく, どういった考えで関数方程式にあたればよいかを解説しようと思います.

2.1 記法

次のような集合の記法は, (関数方程式の問題に限らず) 答案が見やすくなったり書くのも楽になる場合があるので, 使えるようにしておくと便利かもしれません.

$\mathbb{N}$：自然数 (正の整数) 全体の集合 $\{1, 2, 3, \ldots\}$.

$\mathbb{Z}$：整数全体の集合.

$\mathbb{Q}$：有理数全体の集合.

$\mathbb{R}$：実数全体の集合.

$\mathbb{C}$：複素数全体の集合.

注意 $\mathbb{R}_{>0}$ と書いて正の実数全体の集合を表したり, $\mathbb{R}_{\geq 0}$ と書いて非負実数全体の集合を表すことがあります. $\mathbb{R}$ の代わりに $\mathbb{Z}$ や $\mathbb{Q}$ のときも同様です.

注意 0 を「自然数」に含める流儀とそうでない流儀があり, $\mathbb{N}$ と書いても $\{1, 2, 3, \ldots\}$ のことを指す文献もあれば $\{0, 1, 2, 3, \ldots\}$ のことを指す文献もあります. (専門書であるほど後者の割合が高くなります.) 本書では, $\mathbb{N} = \{1, 2, 3, \ldots\}$ を指すこととします. 答案では $\mathbb{Z}_{>0}$ などの表記を使った方が誤解の余地が少ないかもしれません.

また，関数方程式では「任意の」や「ある」という表現を多用することになると思います．これらに対応する以下の記号を覚えておくと，この分野に限らず便利でしょう．下の $P(x)$ は命題を表します．

$\forall x P(x)$：任意の x に対して $P(x)$ が成り立つ．
$\exists x P(x)$：ある x が存在して $P(x)$ が成り立つ．

2.2　考え方

答えの予想

解となる関数がどのような形をしているかを予想しておくことで，方針を立てる役に立ったり，誤った議論を発見できることがあります．議論の誤りを見落とさないためにも，予想した解が導出した式をみたしていることを時々確認するようにしましょう．

数学オリンピックの関数方程式の問題では，解となる関数は簡単な多項式関数や有理関数の場合が多く，簡単な関数が実際に方程式をみたすかどうかを調べることで解の予想が立てられることが多くあります．たとえば $f(x) = ax^2 + bx + c$ とおいてみて，どのような a, b, c で与式が成り立つか調べると簡単な解に関しては予想は立てられるでしょう．他には，f が d 次多項式であると仮定して d を求めてみることなども有意義でしょう．

また，解が複数あったり，パラメータを用いて表される場合も多いです．1 つの解を定数倍したり定数を加えたものが，再び解となるかなどに注意することで，解を見落としにくくなるでしょう．

解の予想を間違えてしまうと，途中の議論を進める際にも混乱したり，議論につまったりしてしまうことがあるので気をつけましょう．定義域と値域もしっかり確認しておくこともすすめます．

場合分け

適切な場合分けをすることで議論を進めやすくなることがあります．特に複数の解がある場合などは，解が 1 つに決まるように場合分けをすると議論を進めやすくなります．

場合分けでは，$f(a) = 0$ となる a がどのくらいあるのかに注目したものや，$f(a) = f(b)$ となる a, b がどのくらいあるのかに注目したものが多くあります．

✸ 自由度のある量を固定する

解がパラメータを用いて表されるときは，そのパラメータを固定して考えることで，議論が進む場合が多いです．たとえば，解が $f(x) = ax + b$ (a, b は任意の実数) となる場合に，$b = f(0), a = f(1) - f(0)$ という値を定数としてとることで，関数を一意に決定できるはずです．

✸ どのような値を代入するか

関数方程式を解く際には，ある変数に具体的な値や他の変数の式を代入することで情報を引き出していくことになります．しかし，手当たり次第にあらゆる代入を行ってもなかなか意味のある結果を得ることはできません．

代入のコツとしては，「ある項が 0 になるようにする」「複数の項が打ち消しあうようにする」「すでに現れている項をつくる」「対称性が高い文字を入れ替える」ことが挙げられるでしょう．これにより元の関数方程式よりもわかりやすい条件を得ることができます．$f(a) = 0$ なる a に注目することである項が 0 になるようにしたり，$f(a) = f(b)$ となる a, b に注目することで項を打ち消しあうようにうまい代入を考えましょう．また，よさそうな代入が見つかったら，同様の代入を工夫してより一般的にできないかと考えるとよいでしょう．

✸ 十分性の確認

解答にはもちろん必要ですし，やらないとおそらく減点されてしまうので，絶対忘れないようにしましょう．

2.3 全射・単射・単調性

関数方程式ではその関数の全射・単射といった性質を用いることが多いです．これらの意味は以下の通りです (f は A から B への関数)．

f が全射である：任意の $b \in B$ に対してある $a \in A$ が存在して，$f(a) = b$ が成り立つ．

f が単射である：任意の A の $a_1 \neq a_2$ をみたす 2 元の組 (a_1, a_2) に対し，$f(a_1) \neq f(a_2)$ が成り立つ．

f が全単射である：f が全射かつ単射である．

全射については, $f(t) = 0$ なる t の存在がいえるなどの利点があります. また, 単射については, 適切な状況であれば式の両辺の f を外せることがあります.

f と g を合成した関数 $f \circ g$ が全射ならば f が全射であること, 単射ならば g が単射であることがいえることを知っておくといいでしょう.

では, 全射や単射がうまく働く例をいくつか見てみましょう:

【2004 JMO 本選 問題 2】
実数に対して定義され実数値をとる関数 f であって, 任意の実数 x, y に対して
$$f(xf(x) + f(y)) = (f(x))^2 + y$$
が成り立つようなものをすべて求めよ.

解答 はじめに, 解の予想をつけよう. 先に述べたように簡単な関数を試してみることで, 答えは $f(x) = x$ または $f(x) = -x$ であると予想できる.

解が予想できたので, 実際に値を代入してどのような性質をみたすのかを調べていきたい. 一般に, 与式や得られた式の変数に 0 を代入すると, 登場する項の数が少なくなり, 何らかの情報が得られることが多い. 実際, この場合にも与式の x に 0 を代入すると,
$$f(f(y)) = (f(0))^2 + y$$
が得られる. よって f は全射であることがわかる. このように全射を示そうとする場合, f の外にある文字を利用して f の値を任意の値をとりうる式と結びつけることが多い.

f の全射性がわかったので, 特に $f(t) = 0$ なる実数 t の存在がわかる. このように 0 をとるような値を代入することで進展が得られることはよくある. 実際, 与式の x にこの t を代入すると,
$$f(f(y)) = y$$
が得られる. 与式の x に $f(x)$ を代入し, 与式と上式を用いると,
$$(f(x))^2 + y = f(xf(x) + f(y)) = x^2 + y$$
が得られる. これから,
$$(f(x))^2 = x^2$$
が成り立つ. このように同じものについて条件の式を 2 通りに使えるように代入することもテクニックの 1 つといえる.

よって $f(x) = \pm x$ が各実数 x について成り立つ．これが成り立つ場合において，大半の問題では解は $f(x) = x$ または $f(x) = -x$ となることが多いと思われる (この段階では，この 2 つには限定できないことに注意しよう)．そこで，次に $x \neq y, xy \neq 0$ のとき，$f(x) = -x$ かつ $f(y) = y$ となるような x, y が存在したとして矛盾を導き，その他の場合を排除するのもよく使われる手段である．実際，この場合にこのような x, y を代入すると

$$f(-x^2 + y) = x^2 + y$$

が成り立つ．しかし，上式は

$$f(-x^2 + y) = \pm(-x^2 + y)$$

に矛盾する．よってすべての x に対して $f(x) = x$ が成り立つか，すべての x に対して $f(x) = -x$ が成り立つかのどちらかとなる．

最後に，$f(x) = x$ または $f(x) = -x$ が与式をみたすことは明らかである．

以上より求める関数 f は $f(x) = x$ または $f(x) = -x$ だとわかる． ◆

【2003 春合宿 問題 1】
　実数に対して定義され実数値をとる関数 f であって，任意の実数 x, y に対して

$$f(f(x) + y) = 2x + f(f(y) - x)$$

が成り立つようなものをすべて求めよ．

解答　この問題でも f の全射性がすぐに示される．実際，$y = -f(x)$ を与式に代入すると，

$$f(0) = 2x + f(f(-f(x)) - x)$$

となり，全射がわかる．すると，全射性より $f(t) = 0$ となる t がとれるので，x に t を代入すれば，

$$f(y) = 2t + f(f(y) - t)$$

となる．ここで，f の全射性から，f から定数 t を引いた $f(y) - t$ も任意の実数値をとるので，上式から，$f(x) = x - t$ が任意の実数 x について成り立つ (任意の実数 x に対し $x = f(y) - t$ となる y が存在するため)．

これを与式に代入すると，任意の t で条件をみたすので，解は $f(x) = x + c$ (c は任意の実数) となる． ◆

ここで，単調増加・減少の意味を確認しておきましょう．特に，広義・狭義は区別し

て用いられるようにしておいた方がよいと思います.

f が狭義単調増加である：$x_1 < x_2$ をみたす任意の 2 数 x_1, x_2 に対して, $f(x_1) < f(x_2)$ が成り立つ.
f が広義単調増加である：$x_1 < x_2$ をみたす任意の 2 数 x_1, x_2 に対して, $f(x_1) \leqq f(x_2)$ が成り立つ.
f が狭義単調減少である：$x_1 < x_2$ をみたす任意の 2 数 x_1, x_2 に対して, $f(x_1) > f(x_2)$ が成り立つ.
f が広義単調減少である：$x_1 < x_2$ をみたす任意の 2 数 x_1, x_2 に対して, $f(x_1) \geqq f(x_2)$ が成り立つ.

次の問題は単調増加性を用いて，単射性を導くことが 1 つのステップとなる問題です.

【2009 JMO 本選 問題 5】
非負実数に対して定義され非負実数値をとる関数 f であって，任意の非負実数 x, y に対して
$$f(x^2) + f(y) = f(x^2 + y + xf(4y))$$
が成り立つようなものをすべて求めよ.

解答　まず，解は $f(x) = 0, \sqrt{x}$ であると予想できる.
　　　　予想された解に適する何らかの性質が導けないかを考え，場合分けをしない段階 (解が 2 通り出てくると予想されたことから場合分けの可能性を考えておこう) で示せそうな広義単調増加性を見てみる. $a < b$ であるとし，$b = t^2 + a + tf(4a)$ なる $t > 0$ ($a < b$ より存在) をとり，与式に $x = t, y = a$ を代入することで，$f(t^2) + f(a) = f(b)$ が得られる. ここから広義単調増加性はわかる. そして，特に任意の $t > 0$ に対し $f(t) > 0$ の場合は狭義単調増加性がわかる.
ここで，予想された 2 種類の解についての議論を分離するために場合分けをする：
① 任意の $t > 0$ に対し $f(t) > 0$ であるとき.
② ある $t > 0$ が $f(t) = 0$ をみたすとき.
①の場合は狭義単調増加性を用いるとスムーズに議論できる. 実際，問題文の式に $(x, y) = (\sqrt{a}, b), (\sqrt{b}, a)$ を代入すると，
$$f(a) + f(b) = f(a + b + \sqrt{a}f(4b)),$$
$$f(b) + f(a) = f(b + a + \sqrt{b}f(4a))$$

となり，これと狭義単調増加性より単射であることを考えれば $\sqrt{a}f(4b) = \sqrt{b}f(4a)$ を得る．あとは，$a = 1, b = \dfrac{x}{4}$ を代入して，$f(x) = \dfrac{f(4)\sqrt{x}}{2}$ を得て，これを与式に代入することで．$f(x) = \sqrt{x}$ を得る．

②の場合は 0 をとる点としていくらでも大きいものをとれることを示し，そこから広義単調増加性を用いて $f(x) = 0$ が導かれる．実際，$f(t) = 0$ なる $t > 0$ をとることができ，問題文の式に $(x, y) = (\sqrt{t}, t)$ を代入して整理することで $f(2t + \sqrt{t}f(4t)) = 0$ を得る．$\sqrt{t}f(4t) \geqq 0$ であるので広義単調増加性より，$f(2t) = 0$ が成り立つ．任意の正の整数 n に対して，$f(2^n t) = 0$ が成り立つことがわかる．そしてこれと広義単調増加性をあわせれば，$f(x) = 0$ が得られる． ◆

次も単調性を導き，使うことが重要な問題です．

【例題】
　正の実数に対して定義され，正の実数値をとる関数 f であって，任意の正の実数 x, y に対して，
$$xf(x+y) + f(xf(y)) = 1$$
をみたすものをすべて求めよ．

解答　まず 1 項目から，$xf(x+y) < 1$ であり，$a < b$ なる任意の正の実数に対し $f(b) < \dfrac{1}{a}$ がわかり，これから $f(x) \leqq \dfrac{1}{x}$ が得られる．2 項目を見ると，y を固定して $xf(y)$ はすべての正の実数値をとるので，$f(x) < 1$ がわかる．これらを手がかりに，解は $f(x) = \dfrac{1}{x+1}$ であると予想できる．

まず，単射性を調べる．$a < b$ かつ $f(a) = f(b)$ なる 2 数が存在すると仮定する．$y = a, b$ とした式を比較することで $f(x+a) = f(x+b)$ を得る．これから，$t > a$ ならば帰納的に任意の正の整数 n に対して $f(t) = f(t + (b-a)n)$ が示せるが，n を $t + (b-a)n > \dfrac{1}{f(t)}$ となるようにとることで $f(x) \leqq \dfrac{1}{x}$ に矛盾する．これで，f の単射性が示される．

次に，単射性から単調性を導こう．与式の x に $tf(x)$（t は任意の正の実数）を代入し，
$$tf(x)f(tf(x) + y) + f(tf(x)f(y)) = 1$$
を得る．この式の x と y を入れ替えて比較することで，
$$f(x)f(tf(x) + y) = f(y)f(tf(y) + x)$$
がわかる．ここで $x \neq y$ とすると，単射性より $f(x) \neq f(y)$ なので，$f(tf(x) + y) \neq$

$f(tf(y)+x)$ を得る．特に任意の正の実数 t に対して，
$$tf(x)+y \neq tf(y)+x$$
が成り立つ．よって，$\dfrac{x-y}{f(x)-f(y)} \leqq 0$, つまり，$f$ が (狭義) 単調減少であることがわかる．上で x に $tf(x)$ を代入したが，x と y について対称な項が現れるように $f(x)$ を x に代入するのはよくある代入の手法で，それだけではあまりうまくいかないので，このアイデアを工夫できないかと考えれば思いつきやすい．

次に，ある種の全射性を示す．与式から，$t=x+y$ を固定して，$f(xf(t-x))=1-xf(t)$ であり，x は t 未満の任意の正の実数なので，f は区間 $(1-tf(t),1)$ の任意の値をとりえる．(ただし，実数 a,b に対し，区間 (a,b) で，$a<c<b$ をみたす実数 c 全体を表す)．次に t を動かして，$1-tf(t) < 1-xf(t) = f(xf(y)) \leqq \dfrac{1}{xf(y)}$ より，$1-tf(t)$ は任意の正の値より小さくとれるので，f が区間 $(0,1)$ への全射になることがわかる．

与式に $x=t$ を代入して，
$$f(t+y) = \frac{1-f(tf(y))}{t}$$
だが，全射性と単調性から y を正の実数全体を動かすと $f(tf(y))$ は区間 $(f(t),1)$ のすべての値をとることがわかる．実際，狭義単調減少性と $tf(y)<t$ から，$f(t)<f(tf(y))$ となる．一方，$f(t)<s<1$ をみたす任意の実数 s に対し，$f(r)=s$ なる r が全射性から存在するが，単調性より $r<t$ で，再び f の全射性から $f(y)=\dfrac{r}{t}$ となる実数 y が存在し，$f(tf(y))=s$ となる．よって，$f(t+y)$ は y を正の実数全体を動かすことで，区間 $\left(0, \dfrac{1-f(t)}{t}\right)$ のすべての値をとる．これと単射性から，$f(t) \geqq \dfrac{1-f(t)}{t}$ を得る．ここで $f(t) > \dfrac{1-f(t)}{t}$ とすると，全射性より $f(s)=\dfrac{1-f(t)}{t}$ なる s を考えることができるが，このとき $s<t$ かつ $f(s)<f(t)$ となり，f が狭義単調減少であることに矛盾する．これから，$f(t)=\dfrac{1-f(t)}{t}$ とわかり，$f(x)=\dfrac{1}{x+1}$ が示される． ◆

このように，全射性と単調性から f を決定できることも多いです．一般に全射かつ単調な関数は連続になることを知っておき，使えるとよいでしょう．

2.4 よくある議論

✲ 考えやすい形に持ち込む

解が $f(x) = ax^n$ の形となるような場合に, 問題によっては $g(x) = \dfrac{f(x)}{x^n}$ を考えて, 定数関数であることを示すのに言い換えると考えやすい場合があります. $g(x) = \dfrac{f(x)}{x^{n-1}}$ とおくことで扱いやすくなる場合などもあると思われるので, どういった形にすると扱いやすいか考えつつ対処するといいと思います.

また, 式中に $\dfrac{f(x)}{x}$ などが出てくれば, それを $g(x)$ とおいてしまうのも手です.

✲ 帰 納 法

$f(x+y)$ についての情報が $f(x)$ と $f(y)$ から記述できる状況で用いることが多いです. 具体的には, n が整数のときに $f(na)$ を $f(a)$ で書いた式を n に関する帰納法で示し, $f(a)$ と $f\left(\dfrac{n}{m}a\right)$ がともに $f\left(\dfrac{1}{m}a\right)$ の式で書けることから有理数倍に関してもわかるということになります. この手法を使うと, 1 点 a での $f(a)$ での値を用いて有理数 r に対する $f(ra)$ の値が求められることになります.

✲ $\mathbb{Q}$ から $\mathbb{R}$ へ

$\mathbb{Q}$ 上での値がわかっている関数があったときに, 連続性または単調性がわかれば無理数での振舞いも決定できることがあります. これはどんなに小さい区間をとってもそこに有理数が無数に入っているという $\mathbb{Q}$ の性質によるものです (この性質を稠密性という).

問題を解くうえでは, 連続性を関数方程式から導くのは普通簡単ではありません. 実際の場では単調性を使うことが多いです. 単調性を導くにはある種の不等式評価が必要です. 関数の値域が $\mathbb{R}_{\geqq 0}$ などと制限されている場合は, その制限が $f(x) \geqq 0$ のようにそのまま不等式評価に使えます. そして, 値域が $\mathbb{R}$ である場合には, $f(x)^2 \geqq 0$ を利用して不等式を導くことが多いでしょう.

では, いくつか例を挙げておきます.

【2007 JMO 本選 問題 2】

正の実数に対して定義され，実数値をとる関数 f であって，任意の正の実数 x, y に対し不等式

$$f(x) + f(y) \leq \frac{f(x+y)}{2}, \qquad \frac{f(x)}{x} + \frac{f(y)}{y} \geq \frac{f(x+y)}{x+y}$$

をみたすものをすべて求めよ．

解答 この問題は，与えられた式が不等式である珍しい形である．しかしこの問題では，やること自体は大きくは変わらない．まずは，$\mathbb{Q}_{>0}$ の範囲で考える．これは $g(x) = \dfrac{f(x)}{x}$ を考えることですんなりと議論できる．あとは，不等式を用いて単調性を導いて $\mathbb{R}_{>0}$ に範囲を伸ばせば完了となる．

$\mathbb{Q}_{>0}$ の範囲で考えるところを見ていこう．はじめに簡単なものを代入することで，特定の形の整数倍に関する情報がこの問題では得られる．正の実数 t に対し，両不等式に $x = y = t$ を代入することで，任意の正の実数 t に対して $f(2t) = 4f(t)$ が成り立つことがわかる．これを繰り返し適用することで，任意の正の整数 m に対し，$f(2^m t) = 2^{2m} f(t)$ を得る．$g(x) = \dfrac{f(x)}{x}$ なる g をとれば，この式から g は実数 a を用いて $g(x) = ax$ と書けることが推測できる．これより，f は $f(x) = ax^2$ であると予想できる．

特定の形の整数倍に関する情報だけでは，$\mathbb{R}$ に伸ばすには不十分なので，任意の正の整数倍に関する情報が得られないか考えてみることになる．これについては，1 次関数である g の方が扱いやすいと考えられるので，こちらを考える．ここでは，任意の正の整数 n および正の実数 t に対して $g(nt) = ng(t)$ となることを示す．$n = 2^m$（m は正の整数）のときは上で示した通りである．不等式 $g(x) + g(y) \geq g(x+y)$ を繰り返し適用すれば，任意の正の整数 n および正の実数 t に対して

$$g(nt) \leq \underbrace{g(t) + \cdots + g(t)}_{n \text{ 個}} = ng(t)$$

となることはわかる．よって，m を $2^m > n$ なる正の整数とすれば，

$$g(2^m t) \leq g(nt) + g\big((2^m - n)t\big) \leq ng(t) + (2^m - n)g(t) = 2^m g(t)$$

だが，$g(2^m t) = 2^m g(t)$ なので，不等式 $g(nt) + g\big((2^m - n)g(t)\big) \leq ng(t) + (2^m - n)g(t)$ において等号が成立しなくてはならず，これは $g(nt) = ng(t)$ であることを意味する．

整数倍に関して示すことができたので，あとはこれを $\mathbb{R}_{>0}$ に伸ばすことを考える．こ

れを示すには単調性を示すのが最もよく見られるパターンである．ここでは，g が広義単調減少であることを示す．任意の正の実数 t に対し，不等式 $f(t) + f(2t) \leqq \dfrac{f(t+2t)}{2}$ が成り立つ．$f(t) = tg(t), f(2t) = 2tg(2t) = 4tg(t), f(3t) = 3tg(3t) = 9tg(t)$ なので，この不等式は $5tg(t) \leqq \dfrac{9}{2}tg(t)$ と変形でき，これより任意の正の実数 t に対して $g(t) \leqq 0$ であることがわかる．よって $0 < x \leqq y$ ならば $g(x) \geqq g(x) + g(y-x) \geqq g(y)$ となるので，g は広義単調減少であることが示された．

あとは範囲を拡大するだけである．つまり，$g(1) = a \leqq 0$ とおき，任意の正の実数 t に対して $g(t) = at$ であることを示す．正の実数 t に対し $g(t) < at$ が成り立つと仮定する．このとき t より大きな有理数 $\dfrac{p}{q}$ (p, q は正の整数) であって，$g(t) < \dfrac{pa}{q}$ となるものがとれるが，$g\left(\dfrac{p}{q}\right) = \dfrac{1}{q}g(p) = \dfrac{p}{q}g(1) = \dfrac{pa}{q}$ より $g(t) < g\left(\dfrac{p}{q}\right)$ かつ $\dfrac{p}{q} > t$ となるので，これは g が広義単調減少であることに矛盾する．$g(t) > at$ が成り立つと仮定した場合も同様に矛盾が導かれる．よって任意の正の実数 t に対して $g(t) = at$ が成り立つことがわかる．すなわち，$f(x) = xg(x) = ax^2$ ($a \leqq 0$) となる．ここでの議論は他の問題でもほぼ同じ形で用いることができるので，しっかり理解して使えるようにしておくことをすすめる．

あとは，十分性を確認すれば終了である．　◆

【1992 IMO 問題 2】

実数に対して定義され，実数値をとる関数 f であって，任意の実数 x, y に対して，
$$f(x^2 + f(y)) = y + (f(x))^2$$
をみたすものをすべて求めよ．

解答　どのような解をもつかをまず考えると，$f(x) = x$ のみが解であると予想される．

はじめに x に定数を入れることで，f が全射であることがわかる．全射が示せたので，$f(a) = 0$ なる実数 a がとれる．x, y に a を代入することで $f(a^2) = a$ を得て，次に $x = 0, y = a^2$ を代入することで，$0 = f(a) = a^2 + (f(0))^2$ となるが，右辺は 2 項とも非負なので $a = 0$ が得られる．

$f(0) = 0$ が得られたので，0 を絡めていろいろ代入してみよう．与式に $x = t, y = 0$ を代入して，
$$f(t^2) = f(t)^2$$

を得る. $t=1$ の場合を考えることで, $f(1)=1$ がわかる. また, これより $t>0$ のとき, $f(t)>0$ であることがわかる.

ここからは単調増加性を示し, $\mathbb{Q}$ の範囲で f を特定し, $\mathbb{R}$ に伸ばすことを目標とする. 与式に $x=0, y=u$ を代入して, $f(f(u))=u$ となる. これと $f(t^2)=f(t)^2$ をあわせて, 与式に $x=t, y=f(u)$ を代入して, $f(t^2+u)=f(t^2)+f(u)$ を得る. これから, a,b を任意の実数として,

$$f(a+b)=f(a)+f(b)$$

を得ることができる. a,b の少なくとも一方が非負の場合はすでに得られているので, $a<0, b<0$ の場合を考える. $x \geqq -a$ となる実数 x をとれば, $f(x)+f(a+b)=f(x+a+b)=f(x+a)+f(b)=f(x)+f(a)+f(b)$ であり, この式から $f(x)$ を引けばよい. $t>0$ のとき $f(t)>0$ だったので, これより f は単調増加であることがわかる. よって, $t<0$ のとき $f(t)<0$ であることがわかる. $f(t^2)=f(t)^2$ となることとあわせて, $f(-t)=-f(t)$ が成り立つ.

あとは, $\mathbb{Q}$ の範囲でいえればこの問題はほぼ解決する. これは以下の議論でそれほど苦労なくいえる. $f(a+b)=f(a)+f(b)$ を繰り返し $f(1)=1$ とあわせて用いることで, 任意の整数 n に対して $f(n)=n$ となることがわかる. 任意の正の有理数 $r=\dfrac{n}{m}$ (m,n は正の整数) に対し, $n=f(n)=f(mr)=mf(r)$ となるので, $f(r)=r$ である. 任意の負の有理数 r についても, $f(-t)=-f(t)$ より同様に $f(r)=r$ が成り立つ.

先の問題でも同様の議論をしたが, もう一度確認のためにどういうことをしているかを改めてここで確認してもらいたい. いま, 任意の実数 x に対し, x に収束する単調増加する有理数列 r_n と単調減少する有理数列 R_n がとれる. f の単調増加性より, $r_n=f(r_n) \leqq f(x) \leqq f(R_n)=R_n$ が成り立つ. そして, $n \to \infty$ とすることで, $f(x)=x$ がわかる, という具合である.

逆に, $f(x)=x$ が与式をみたすことは容易に確認できる. 以上より, 求める f は $f(x)=x$ のみとなる. ◆

✺ 周 期 性

問題によっては, $f(x+a)=f(x)$ (a は実数) の形の式が導かれることがあります. これはすなわち, 関数 f が周期を有することを表した式です. 関数方程式を解くうえでは, この関数の周期性に注目することも 1 つの重要な手法となります.

この考え方は, 単射性や関数が定数関数であることを示すのに有益なことが多いです. 単射でないとすると周期性が導かれ, ここから矛盾が導かれたり, 定数関数である

ことがわかる，というのはよく見られるパターンです．また，複数の周期がある場合にそこから何らかの情報が導かれることもあります．周期が1つ得られたら，同様にして別の周期も得られないか考えるのもよいでしょう．

関数が周期をもつとき，定数関数でなくても周期は有理数倍を除いても一意には定まらないことに注意しておきましょう．

2.5 数論的な関数方程式

関数方程式の中でも，$\mathbb{N}, \mathbb{Q}$ を定義域・値域としたものにおいては，数論的な議論が求められることがあります．解くにあたっての注意ですが，通常の関数方程式で注意することに加えて，

- 素数 p に関する $f(t)$ のオーダーに注目すること．
- p を素数として，$f(p)$ を考えること．
- 剰余を考えてみること．

などを頭に入れておくとよいと思います．

以下に，問題の例を挙げておきます．

【1998 IMO 問題6】
　正の整数に対して定義され，正の整数値をとる関数 f は，任意の正の整数 s, t に対し，
$$f(t^2 f(s)) = s(f(t))^2$$
をみたす．このとき，$f(1998)$ としてありうる最小の値を求めよ．

解答　f の挙動は各素数でとる値によって定まるというのがこの問題のポイントである．それがわかれば，どうすると $f(1998)$ が一番小さくなるかを考えて，具体例を構成すれば完了する．

はじめは，1以外のものを代入してもあまり有益な情報は得られなさそうなので，1を代入していくことになる．このような f を1つとり，$a = f(1)$ とおく．与式に $t = 1$ を代入して，$f(f(s)) = sa^2$ を得る．また，与式に $s = 1$ を代入して，$f(at^2) = (f(t))^2$ を得る．これらと与式をあわせて考えることで，

$$(f(s)f(t))^2 = f(s)^2 f(at^2) = f(s^2 f(f(at^2))) = f(s^2 \cdot a^2 \cdot at^2) = f(a(ast)^2)$$
$$= f(ast)^2$$

がわかる．これより，$f(s)f(t) = f(ast)$ を得る．特に，$s = 1$ とすれば，$af(t) = f(at)$ となる．したがって，

$$af(st) = f(ast) = f(s)f(t) \tag{2.1}$$

が成り立つ．

(2.1) に注目することで，任意の正の整数 t に対して，$f(t)$ は a の倍数だと予想がつくはずだ．実際，t が小さい整数の場合に実験してみれば，これは予想できるだろう．これを示しておこう．素数 p に関する $a, f(t)$ のオーダーをそれぞれ α, β とする．k を正の整数として，(2.1) より $f(t)^k = a^{k-1} f(t^k)$ が成り立つので，$k\beta \geqq (k-1)\alpha$ である．k を十分大きくとることを考えると，$\beta \geqq \alpha$ となる．よって，$f(t)$ は a の倍数となる．

a がかかっていない形の方が見やすいので，$f(t)$ を a で割ったものをとってみよう．$g(t) = \dfrac{f(t)}{a}$ とおく．すると，$g(a) = a, g(st) = g(s)g(t), g(g(t)) = t$ をみたすことがわかる (これは問題の式を同値な条件に書きかえたことになっている．このように同値な条件に書きかえることで見通しがよくなることは多い)．これより，g が全単射であることがわかり，また $f(t) \geqq g(t)$ である．

$g(st) = g(s)g(t)$ が成り立つことから，$g(p)$ (p：素数) に着目するのが重要だと考えられるだろう．ここからの議論はそれほど難しくないと思う．p が素数であるとき，$g(p)$ も素数であることを示す．$g(p)$ が素数でないとする．このとき，$g(p) = uv$ と 2 以上の整数の積に分解される．$p = g(g(p)) = g(uv) = g(u)g(v)$ なので，$g(u), g(v)$ のうち一方は 1 である．$g(u) = 1$ としても一般性は失われない．$u = g(g(u)) = g(1) = 1$ となり，これは矛盾．よって，$g(p)$ は素数．

$1998 = 2 \times 3^3 \times 37$ なので，$g(2) = p_1, g(3) = p_2, g(37) = p_3$ (p_i は素数) とおけば，g が全単射であることに注意して，$f(1998) \geqq g(1998) \geqq 3 \cdot 2^3 \cdot 5 = 120$ が成り立つ．

あとは，具体例を構成しておこう．$\mathbb{N}$ から $\mathbb{N}$ への関数 h を $h(2) = 3, h(3) = 2, h(5) = 37, h(37) = 5$，これら以外の素数 p に対しては $h(p) = p$ となるように定め，$t = p_1^{m_1} p_2^{m_2} \cdots p_k^{m_k}$ に対して $h(t) = h(p_1)^{m_1} \cdots h(p_k)^{m_k}$ と定めれば，h は条件をみたす．

以上より，求める最小値は 120 であることがわかる． ◆

✺ 2.6 問 題 例 ✺

もちろんこれまでのような考え方だけでは解けない関数方程式もいろいろとありま

す．そのような例をいくつか挙げます．以下に挙げるものはどちらかというと少し特殊なものとなります．しかし実際のコンテストでは，このようなものにあたることもないとはいえません．そういった場合はここまでで見てきた考えを踏まえたうえで，以下に出てくるようなプラスアルファの考え方を頭に入れておくとよいと思います．

この問題は，f 自体の全射や単射をいうのではなく，$f(x) - f(y)$ に着目することが必要です．

【2006 JMO 本選 問題3】

実数に対して定義され，実数値をとる関数 f であって，任意の実数 x, y に対して
$$f(x)^2 + 2yf(x) + f(y) = f(y + f(x))$$
をみたすものをすべて求めよ．

解答 はじめに，いろいろ代入してみよう．ここでは，どこかが 0 になるように代入してみる．与式の y に $-f(x)$ を代入して，
$$-f(x)^2 + f(-f(x)) = f(0).$$
これより，$c = f(0)$ として，
$$f(-f(x)) = c + f(x)^2. \tag{2.2}$$
これを用いるために，与式の y に $-f(y)$ を代入して，(2.2) 式より，
$$f(x)^2 - 2f(y)f(x) + f(y)^2 + c = f(f(x) - f(y)).$$
よって，
$$(f(x) - f(y))^2 + c = f(f(x) - f(y)). \tag{2.3}$$
この問題では，代入を繰り返すだけではなかなか進展しない．そこで，割と綺麗な形で出てきたこの式をそのまま使うことが必要となる．

答えは，$f(x) = x^2 + c$ および $f(x) = 0$ であると予想されるので，後者の場合をまず除いておく．ここで，任意の実数 x に対して $f(x) = 0$ のときは明らかに与式をみたす．そして，前者の場合に入る．(2.3) より，$f(x) - f(y)$ が任意の値をとれば解決することがわかる．そこでこれを示すことを考えてみよう．$f(x) = 0$ でない場合，すなわち $f(a) \neq 0$ となる実数 a が存在する場合は，与式に $x = a$ を代入し変形すると，
$$f(a)^2 + 2yf(a) = f(y + f(a)) - f(y).$$
この式の左辺は y を動かしたとき実数全体を動くので，x, y を動かしたとき $f(x) - f(y)$

は実数全体を動くことがわかる．ゆえに (2.3) から任意の実数 x に対して，
$$f(x) = x^2 + c \tag{2.4}$$
が成り立ち，実際に代入することにより (2.4) は任意の定数 c で与式をみたすことがわかる．

よって，$f(x) = x^2 + c$ (c は任意の実数) および $f(x) = 0$ が条件をみたす関数であることがわかる． ◆

次は予選形式の問題です．この問題ではいくつかのものを代入することで，ループする形で項が現れるパターンが出てきます．

【2004 JMO 予選 問題 6】

$f(x)$ は，$0, 1$ 以外の実数に対して定義された実数値をとる関数であって，$0, 1$ 以外のすべての実数 x に対して
$$f(x) + f\left(\frac{1}{1-x}\right) = \frac{1}{x}$$
が成立する．$f(x)$ を求めよ．

解答 $0, 1$ 以外の実数 t に対して，$\dfrac{1}{1 - \frac{1}{1-t}} = \dfrac{t-1}{t}$，$\dfrac{1}{1 - \frac{t-1}{t}} = t$ であることに注意すると，与えられた条件式に $x = t, \dfrac{1}{1-t}, \dfrac{t-1}{t}$ を代入することにより

$$\begin{cases} f(t) + f\left(\dfrac{1}{1-t}\right) = \dfrac{1}{t} \\ f\left(\dfrac{1}{1-t}\right) + f\left(\dfrac{t-1}{t}\right) = 1 - t \\ f\left(\dfrac{t-1}{t}\right) + f(t) = \dfrac{t}{t-1} \end{cases}$$

が得られる．以上より $f(t) = \dfrac{t^3 - t^2 + 2t - 1}{2t(t-1)}$ であることがわかる．逆に，$f(x) = \dfrac{x^3 - x^2 + 2x - 1}{2x(x-1)}$ が与えられた条件をみたすことは容易に確かめられる．

以上より，求める関数は $f(x) = \dfrac{x^3 - x^2 + 2x - 1}{2x(x-1)}$ であることがわかる． ◆

次の問題では，$g(x) = x + tf(x)$ をとって，その挙動を考えます．また，ある範囲で一定であることを示してそれらを貼り合わせて全体で一定であることを示します．

【2006 春合宿 問題 8】

正の実数に対して定義され, 正の実数値をとる関数 f であって, 任意の実数 x, y に対して

$$f(x)f(y) = 2f(x + yf(x))$$

をみたすものをすべて求めよ.

解答 定義域が正の実数なので, 具体的な数値として代入できるのは 1 ぐらいになってしまい, この問題ではあまりそこからは有益な情報は得られない. そこで, f の中に入っている $x + yf(x)$ をかたまりとして見て, それに関して調べる. ここでは, y を固定して, x のみを動かして考える. 答えは, $f(x) = 2$ だと予想されるので, そこからこのかたまりのもつ性質としては単射や単調増加が推測される. はじめに, このかたまりを g とおき, その単射を示すところからいこう.

正の実数 t を任意にとり, $g(x) = x + tf(x)$ とおく. $g(x_1) = g(x_2)$ とすると, $f(x_1)f(t) = 2f(g(x_1)) = 2f(g(x_2)) = f(x_2)f(t)$ が成り立つ. よって, $f(x_1) = f(x_2)$ で, g の定め方より, $x_1 = x_2$. よって, g は単射.

g の単射がいえたので, そこから f に関して何かわからないかを考えてみよう. すると, 以下のような議論ができる. $x_1 > x_2$ に対し, $f(x_1) < f(x_2)$ が成り立つとする. $t = \dfrac{x_1 - x_2}{f(x_2) - f(x_1)} > 0$ とおけば, $g(x_1) = g(x_2)$ が成り立ち, 矛盾. よって, f は広義単調増加.

得られた性質を用いて, 不等式評価をしてみると, 進展が見られる. $f(x)f(y) = 2f(x + yf(x)) \geqq 2f(x)$ であるので, $f(y) \geqq 2$ が成り立つ. これで下から評価できたので, 上からの評価ができないかを考えていくと, 次のような評価ができる.

$$f(x + yf(x)) = \frac{f(x)f(y)}{2} = f(y + xf(y)) \geqq f(2x).$$

これが $0 < y \leqq \dfrac{x}{f(x)}$ をみたす任意の y について成り立つので, 任意の $x > 0$ に対して, $x < t \leqq 2x$ において $f(t)$ は定数. このように, 一方の文字をうまい範囲で動かすことで, 特定の範囲に関する情報が得られることは多くあるパターンである. これより, 任意の x に対して $f(x) = 2$ であることがわかる. ◆

最後に, 解の形が特殊なものを紹介しておきます. このような場合も稀にあるので, 解は綺麗な形だと決めつけすぎないようにしましょう. また解答を進めるうちにそういったことに気づける場合もあると思います.

【2005 春合宿 問題 8】

実数に対して定義され，実数値をとる関数 f であって，任意の実数 x, y に対して
$$f(x^2 + y^2 + 2f(xy)) = (f(x+y))^2$$
をみたすものをすべて求めよ．

解答　解は $f(x) = 0, f(x) = 1, f(x) = x$ であると予想される．実際はこれだけが解ではないが，はじめの段階ではそれを見抜くのは難しいだろう．まずは，考えられる代入をしてみよう．$y = 0$ が代入するものとしては考えられるだろう．それで得られるのは，
$$f(x^2 + 2f(0)) = f(x)^2 \tag{2.5}$$
である．この式からは $x \geqq 2f(0)$ のとき，$f(x) \geqq 0$ が成り立つことなどがわかる．しかし，もう少し工夫することでこれより多くの情報をもった簡潔な式を導き出せる．右辺で $x + y$ とかたまりになっていて，両辺対称式が現れていることに着目して，左辺を $f((x+y)^2 - 2xy + 2f(xy))$ と見る．見やすくするために $s = x + y, t = xy$, $g(x) = 2f(x) - 2x$ とおけば，
$$f(s^2 + g(t)) = f(s)^2 \tag{2.6}$$
と表せる．s, t のとり方より，$s^2 \geqq 4t$ が必要十分であることに注意しておく．この式を見れば，十分大きなところでは f は定数となるようなパターンが想像できるだろう．はじめの予想から考えて，$g(x) = 0, 2 - 2x, -2x$ と考えられるので，g が定数関数であるかそうでないかで場合分けをしていく．

g が定数関数である場合は明らかに $f(x) = x$ のみが条件をみたす．以下，g が定数関数でない場合を考えよう．このとき，$g(a) \neq g(b)$ なる 2 実数 a, b が存在する．定数関数でない場合に異なる値をとるものを選んでみる，というのはよくある手順である．$g(a) - g(b) = A$ とおき，$q^2 - p^2 = A$ をみたす十分大きな 2 つの正の実数 p, q を考える．「十分大きく」というのは以下の議論を進めることができるようにとる．$q^2 + g(b) = p^2 + g(a)$ が成り立ち，$f(q^2 + g(b)) = f(p^2 + g(a))$ となるので，p, q は十分大きくとることから (2.6) を適用でき，$f(p)^2 = f(q)^2$ が成り立つ．そして，$x \geqq 2f(0)$ のとき，$f(x) \geqq 0$ が成り立つので，p, q は十分大きくとることから $f(p) = f(q)$ となる．

以上の議論で，f が十分大きいところでは周期のようなものをもつことがわかった．f は一定であるとはじめの予想と都合がよいので，この周期の間を埋めていくことを考え

たい, となる. これには $g(a)-g(b)$ に相当するものを連続した範囲で動かすことを考えるとうまくいく. では, 以下でそれを考えよう. $g(p)-g(q) = 2f(p)-2p-2f(q)+2q = 2(q-p) = 2 \cdot \dfrac{A}{p+q} = 2 \cdot \dfrac{A}{p+\sqrt{p^2+A}}$ と表せる. これよりある正の実数 r が存在し, 区間 $[r, 2r]$ に含まれる任意の実数は, ある実数 M 以下の 2 実数 p, q により $g(p)-g(q)$ の形で表せることがわかる (ただし, 実数 a, b に対し, 区間 $[a, b]$ で, $a \leqq c \leqq b$ をみたす実数 c 全体を表す).

$y > x > 2\sqrt{M}$, $r < y^2 - x^2 < 2r$ をみたす任意の実数 x, y をとる. 上記の議論より, ある実数 M 以下の 2 実数 p, q により $y^2 - x^2 = g(p) - g(q)$ つまり $y^2 + g(q) = x^2 + g(p)$ が成り立つ. $f(y^2+g(q)) = f(x^2+g(p))$ となるので, x, y のとり方から (2.6) を適用でき, $f(x)^2 = f(y)^2$ が成り立つ. そして, $x \geqq 2f(0)$ のとき, $f(x) \geqq 0$ が成り立つので, $f(x) = f(y)$ となる. これより, $x \geqq 2\sqrt{M}$ に対し, f は一定の値をとることがわかった. この値を c とすれば, (2.5) より $c = c^2$ が成り立ち, $c = 0, 1$ がわかる. これで, 十分大きいところでの挙動は把握できた. あとは残りの部分での挙動を考える作業となる.

(2.5) より, $f(-x) = \pm f(x)$ が成り立つ. これから $x \leqq -2\sqrt{M}$ に対し, $f(x)$ は 0 または ± 1 である. よって, $x \leqq -2\sqrt{M}$ に対し, $g(x) = 2f(x) - 2x \geqq -2 - 2x$ が成り立ち, 任意の実数 u に対し, $u^2 + g(v) \geqq 2\sqrt{M}$ なる負の実数 v がとれることがわかる. これより, $u^2 \geqq 4v$ はみたされているので $f(u)^2 = f(u^2 + g(v)) = c = c^2$ となり, 任意の実数 u に対し, $f(u) = \pm c$ となることがわかる.

あとは, c の値で場合分けをする. $c = 0$ のときは, $f(x) = 0$ という定数関数が解となる. $c = 1$ のときを考えよう. $x \geqq 2f(0)$ のとき, $f(x) \geqq 0$ が成り立つことと $f(0) = \pm 1$ であることより, $x \geqq 2$ に対し, $f(x) = 1$ であることがわかる. ある w に対し, $f(w) = -1$ であったとすると, $w - g(w) = 3w + 2 > 4w$ となる. このような w があるかどうかを以下確かめる. $w - g(w) \geqq 0$ であるとすれば, ある z に対し $z^2 = w - g(w) > 4w$ となり, (2.6) が適用でき, $f(z)^2 = f(z^2+g(w)) = f(w) = -1$ より矛盾. よって, $w - g(w) < 0$ つまり $w < -\dfrac{2}{3}$ である. これ以上の議論は進めづらいので, はじめの予想を捨て, 実際

$$f(x) = \begin{cases} 1 & x \notin X \\ -1 & x \in X \end{cases}$$

の形をしたもの (ただし, X は $-\dfrac{2}{3}$ より小さい実数からなる集合の部分集合) を考えると条件をみたす. ここでははじめの予想はあくまでも予想だという気持ちが大事で

あろう．どこの段階でこの解に気づくかは個人差があると思うが，f は値として $0, \pm 1$ をとるのかな，というあたりではじめの式を眺めて考える余裕をもてれば，具体的な形はわからなくてもある程度の見極めはできるのではないだろうか．

以上よりこの解は，$f(x) = 0$, $f(x) = x$ および

$$f(x) = \begin{cases} 1 & x \notin X \\ -1 & x \in X \end{cases}$$

の形をしたものとなる (ただし，X は $-\dfrac{2}{3}$ より小さい実数からなる集合の部分集合). ◆

次の問題でははじめに答えに気づくことからスタートしてそれを用いて議論を進めることが解くカギとなります．

【2004 春合宿 問題 11】
正の実数に対して定義され，正の実数値をとる関数 f であって，任意の実数 x, y, z に対して次の 2 条件をみたすものをすべて求めよ．
- $f(xyz) + f(x) + f(y) + f(z) = f(\sqrt{xy})f(\sqrt{yz})f(\sqrt{zx})$．
- $1 \leqq x < y$ ならば $f(x) < f(y)$ が成り立つ．

解答 この解の予想を立てると，$f(x) = x^a + \dfrac{1}{x^a}$ (a は正の実数) という予想ができ，実際に条件をみたす．$f(x) = x + \dfrac{1}{x}$ というのには割と早い段階で気づけるかもしれないが，実はこの形でも成り立つことに気づくことが重要である．

まずは，いくつか基本的なものを代入して必要そうな式を探そう．$(x, y, z) = (1, 1, 1)$ を代入すると $4f(1) = f(1)^3$ が成り立ち，$f(1)$ は正の実数なので，$f(1) = 2$ がわかる．具体的な値についてこれ以上の情報を得るのは難しそうなので，以下のような代入を考えてみる．t を任意の正の実数とし，$(x, y, z) = \left(t, t, \dfrac{1}{t}\right)$ を代入すると，$f(t) = f\left(\dfrac{1}{t}\right)$ がわかる．また，$(x, y, z) = (t^2, 1, 1)$ を代入すると，

$$f(t^2) + 2 = f(t)^2 \tag{2.7}$$

がわかる．u, v を任意の正の実数とし，$(x, y, z) = \left(\dfrac{v}{u}, \dfrac{u}{v}, uv\right)$ を代入すると，
$2f(uv) + f\left(\dfrac{v}{u}\right) + f\left(\dfrac{u}{v}\right) = 2f(u)f(v)$ が成り立ち，先の結果とあわせて

$$f(uv) + f\left(\dfrac{v}{u}\right) = f(u)f(v) \tag{2.8}$$

2.6 問題例

がわかる.

しかし, 代入だけではあまり議論が進展しない. 解にパラメータ a が現れると予想されるので, パラメータを固定し解を決定できる条件を加えることにしよう. ここでは, $f(2) = 2^a + 2^{-a}$ (a は正の実数) と $f(2)$ の値を定めてみる. $f(1) = 2$ と $1 \leqq x < y$ ならば $f(x) < f(y)$ が成り立つという条件より $f(2) > 2$ なので, このような a をとれる. n を非負実数とし, (2.7) を繰り返し適用することで,

$$f(2^{2^{-n}}) = 2^{a 2^{-n}} + 2^{-a 2^{-n}}$$

がわかる. m, n を非負実数とし, (2.8) を $u = 2^{2^{-n}}$, $v = 2^{m 2^{-n}}$ に対し適用すると,

$$f(2^{(m+1)2^{-n}}) = f(2^{2^{-n}}) f(2^{m 2^{-n}}) - f(2^{(m-1)2^{-n}})$$

がわかる. これらをあわせると

$$f(2^{m 2^{-n}}) = 2^{m a 2^{-n}} + 2^{-m a 2^{-n}}$$

が成り立つことが帰納的にわかる.

これで $2^{m 2^{-n}}$ の形をした実数に対しては予想が成り立つことがわかった. あとは, これを正の実数の範囲に拡大することを考える. いままでは有理数において示してから実数に範囲を拡大するパターンを見てきたが, これもいままで見てきたのと同様の議論で可能である. いま, 任意の 1 より大きな実数 w に対し, w に収束する単調増加する $2^{m 2^{-n}}$ の形をした実数の列 r_n と単調減少する $2^{m 2^{-n}}$ の形をした実数の列 R_n がとれる. f の単調増加性より, $r_n = f(r_n) \leqq f(w) \leqq f(R_n) = R_n$ が成り立つ. そして $n \to \infty$ とすることで, $f(w) = w^a + w^{-a}$ がわかる. このように有理数から実数に範囲を拡大するだけでなく, 十分実数の中で密に存在するような (稠密な) 集合からのパターンもあることを頭に入れておこう. $f(t) = f\left(\dfrac{1}{t}\right)$ であったので, $0 < x < 1$ なる実数 x に対しても $f(x) = x^a + x^{-a}$ がわかる.

はじめに十分性は確認したので, この解は $f(x) = x^a + \dfrac{1}{x^a}$ (a は正の実数) となる. ◆

Column　IMO 日本代表選手の感想

　本当に地球の裏側で私はなんて素敵な人や街にふれたことだろう！ 19 階の私達の部屋からは澄み渡った海と茶や赤の入り混ざった家や教会が見渡せた．Mar Del Plata の陽気で Simple なリズム，親切で暖かな人々．世界最高の日々！ 今年アルゼンチンの暖かい歓迎の中，私は去年にもまして多くの友達しかも互いが心を交わせる深い友達が出来た．Our guide, Uchiumi さん，Korean guide の Sora さん，Chinese, Korean, Urugarian. 又，伊藤隆一先生，雄二先生，安藤先生，財団の方，Peter Frannkl 先生…等多くの暖かい笑顔や様々な物の視方を教えて下さった方々に心から感謝したい．と同時に IMO その他を通して多くの新しい真面目さを教えてくれた友達も本当にありがとう！
【中島さち子 (1996 IMO インド大会金メダル, 1997 IMO アルゼンチン大会銀メダル) フェリス女学院高校 3 年, 1997 IMO アルゼンチン大会日本代表時の感想】

　乗り継ぎのアメリカヒューストン空港では荷物検査が厳しく，鉛筆削りも武器にされてしまう．メリダに到着して部屋に入ろうとすると中から人が出てきた．ホテルが間違えていて，2 人部屋に 4 人入れてしまったようだ．日本人が 2 人，外国人が 2 人だったので国際交流となった．コンテストについては 18 得点で銅メダルだった．観光は 3 日間で 5 ヶ所に行きました．3 日目は Chichen Itza に行き，ピラミッドに登ったが 45° 以上なので登りも下りも立って歩けない．登りは 4 本足が可能だが下りは危険なので次の 2 つで降りる．① 1 番上の段にすわる．②上から k 番目の段にすわったら，$k+1$ 番目の段にすわる．

　ハリケーンは日本の台風より強く，外に出ることが禁止された．部屋は窓が飛んでくる危険があるので食堂で寝た．食堂にはチップスを持っていった．チップスには黄，赤，緑があり赤チップスは思ったより辛くなくすっぱい．これはおみやげになる．最終日には，閉会式で壇上で走り回ったり跳んだりして楽しみました．
【副島　真 (2005 IMO メキシコ大会銅メダル, 2007 IMO ベトナム大会金メダル, 2008 IMO スペイン大会金メダル, 2009 IMO ドイツ大会金メダル) 筑波大学附属駒場中学校 2 年, 2005 IMO メキシコ大会日本代表時の感想】

3 組合せ

C は Combinatorics (組合せ論) という分野です．たとえば，並べ方や選び方が何通りあるかという問は組合せ論の問題ですが，グラフ理論その他いろいろな問題が出題され，「ノージャンル」あるいは「残りの 3 分野以外」というように捉えてもよいでしょう．

組合せ論はものの組合せ方を論じるという意味ではあるのですが，いろいろな知識を「組合せ」て解くという側面があります．たとえば，偶奇性という言葉はよく用いられますが，それ以外にも簡単な数論が必要になることはありますし，簡単な不等式評価をすることもあるでしょう．

3.1 基本的な方針

組合せ論の分野の問題は，その体裁も問題の解法も非常に多岐にわたるため，多くの問題に共通していえるテクニックといったものはごく基本的なものに限られてきます．

❋ n が小さい場合で実験する

これはほぼどのような問題にもいえることです．以下で触れる問題でも，問題をひととおり読んだ後に必ず最初にするべき作業といえるでしょう．小さな数の場合に実験するメリットは，

- 具体例を通して考えることで，どこが本質なのかが見えやすくなる
- 答えの予想がつく場合がある

といったところです．2 つ目については，たとえば n に依存する値 $f(n)$ を求める問題で $n = 1, 2, 3, 4$ の場合に実験してみた結果 $f(1) = 1, f(2) = 3, f(3) = 6, f(4) = 10$ がわかったとすれば，$f(n) = \dfrac{n(n+1)}{2}$ だと予想がつき，この予想から逆に問題の解法を考えることもできます．また IMO では答えのみに対して部分点が与えられることもあり，また答案に誤った主張を書いたところで減点されるわけではないので，このような予想が立った場合には (それが予想の域を抜けなかったとしても) 答案用紙に書

くとよいでしょう.

> **【2010 JMO 本選 問題5】**
> 凸 2010 角形があり, どの 3 本の対角線も頂点以外の共有点をもたない. 2010 本の対角線 (辺は含まない) からなり, すべての頂点をちょうど 1 回ずつ通るような閉折れ線を考える. このような閉折れ線の自己交差の回数としてありうる最大の値を求めよ.
>
> ただし, 折れ線 $P_1 P_2 \cdots P_n P_{n+1}$ において $P_1 = P_{n+1}$ であるとき, これを閉折れ線とよぶ.

$2n+1$ 角形のときは明らかに答は $\dfrac{(2n+1)(2n-2)}{2} = 2n^2 - n - 1$ です. $2n$ 角形のときに実験してみましょう.

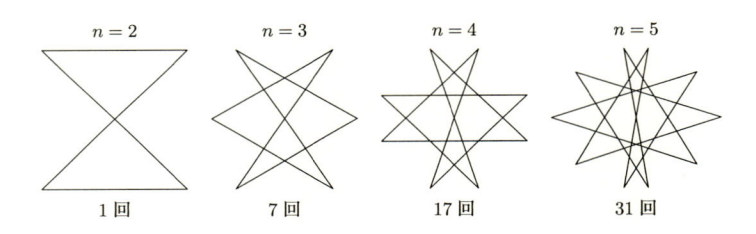

$n = 2$ $n = 3$ $n = 4$ $n = 5$

1 回   7 回   17 回   31 回

あなたが最初に思いついた閉折れ線よりも自己交差回数が多いのではないでしょうか？

最大の自己交差回数となる折れ線の図の規則性あるいは答が n の 2 次式と予想できることから, $2n^2 - 4n + 1$ が答ではないかと考えられます.

解答 自己交差の回数が $2n^2 - 4n + 1$ 回となる具体例は図と同様に構成できる. 一方, $2n - 3$ 本の線分と交差する線分が 3 つ以上存在したと仮定すると, 全体が 1 つの閉折れ線となることに矛盾することが容易にわかる. よって, 答は $2n^2 - 4n + 1$ である. ◆

✸ **反例をつくろうとしてみる**

ある命題が証明できない, というときには, その命題に対する反例を構成してみようとするとよいでしょう (その命題が真である場合は, もちろん実際には構成できないのですが). 反例をつくろうとすることによって「その命題がなりたたなければならない

✸ 不変量を見つける

操作を繰り返し行うタイプの問題では，操作の前後の状態をうまく比較することが必要となり，不変量と呼ばれる「操作によって変化しない量」を見つけると嬉しい場合が多いです．不変量と意識しなくとも「〜は，この操作によって増えることは決してない」的な議論が役に立つことがあります．

✸ 部分的な結果がわかった場合も書く

これはテクニックというよりは答案の書き方に関する注意です．たとえば先に述べた $f(n)$ を求める形式の問題で，$f(n) = \dfrac{n(n+1)}{2}$ は証明できなかったが $\dfrac{n^2}{2} \leqq f(n) \leqq n^2$ は証明できた，という場合，これらの結果も答案用紙に書くべきです．こういった「上からの評価」や「下からの評価」だけであっても部分点につながることがあります．

3.2 小ネタ

この節では「もしかしたら役に立つかもしれない」程度のことを扱います．あまり気にしすぎる必要はないです．

✸ 母関数

ある数列 $\{a_n\}$ に興味があるときに，a_n の値を直接調べようとするのではなく，a_n を係数にもつ形式的べき級数 $f(x) = a_0 + a_1 x + a_2 x^2 + \cdots$ を考え，この関数 f の性質を調べる，という方法があります (この f を母関数という)．

母関数の考え方は，組合せ論の問題において，何らかの「場合の数」と「場合の数」の関係を明らかにするのに役に立つことがあります．例を見てみましょう：

> 例　正の整数 n を奇数の正の整数の和に分割する場合の数と，相異なる正の整数の和に分割する場合の数は一致する (たとえば $n = 5$ のとき，前者は $5, 3+1+1, 1+1+1+1+1$ の 3 通り，後者は $5, 4+1, 3+2$ の 3 通りである)．

証明　$f(x) = (1 + x + x^2 + \cdots)(1 + x^3 + x^6 + \cdots)(1 + x^5 + x^{10} + \cdots) \cdots$，
$g(x) = (1+x)(1+x^2)(1+x^3) \cdots$ とおくと，$f(x), g(x)$ の x^n の係数はそれ

それぞれ前者, 後者の場合の数に一致する. ここで, $f(x)^{-1} = (1-x)(1-x^3)(1-x^5)\cdots$ ゆえ $g(x)f(x)^{-1} = \cdots = 1$, したがって $f(x) = g(x)$. ◆

このように, 興味のある「場合の数」を係数にもつような形式的べき級数を考えるわけです.

【2008 IMO 問題 5】

正の整数 n, k は $k \geqq n$ をみたし, $k - n$ は偶数である. $1, 2, \ldots, 2n$ の番号がついた $2n$ 個の電球があり, 各々は on または off の状態をとる. 最初はすべての電球が off になっている. 1 つの電球の状態を入れ替える (on ならば off に, off ならば on にする) ことを**操作**という.

k 回の操作の後, 電球 $1, \ldots, n$ が on, 電球 $n+1, \ldots, 2n$ が off となるような k 回の操作のやり方は N 通りあるとする.

k 回の操作の後, 電球 $1, \ldots, n$ が on, 電球 $n+1, \ldots, 2n$ が off となるような k 回の操作のやり方であって, 電球 $n+1, \ldots, 2n$ が一度も on になることのないものは M 通りあるとする.

このとき, $\dfrac{N}{M}$ を求めよ.

解答 $f(x) = \left(x + \dfrac{x^3}{3!} + \dfrac{x^5}{5!} + \cdots\right)^n$ とおくと, M は $f(x)$ の x^k の係数の $k!$ 倍である. 一方, $g(x) = \left(x + \dfrac{x^3}{3!} + \dfrac{x^5}{5!} + \cdots\right)^n \left(1 + \dfrac{x^2}{2!} + \dfrac{x^4}{4!} + \cdots\right)^n$ とおくと, N は $g(x)$ の x^k の係数の $k!$ 倍である.

ここで, $f(x) = \left(\dfrac{e^x - e^{-x}}{2}\right)^n$, $g(x) = \left(\dfrac{e^x - e^{-x}}{2}\right)^n \left(\dfrac{e^x + e^{-x}}{2}\right)^n = \left(\dfrac{e^{2x} - e^{-2x}}{4}\right)^n = 2^{-n} f(2x)$ であるため, $N = 2^{-n} k! (f(2x)$ の k 次の係数 $) = 2^{-n+k} k! (f(x)$ の k 次の係数 $) = 2^{-n+k} M$. したがって $\dfrac{N}{M} = 2^{-n+k}$ である. ◆

✸ 塗り分け

上で述べた不変量 $\dfrac{N}{M}$ の特別な場合ですが, マス目の問題は塗り分けによって証明できる場合があります. 「市松模様に塗り, 偶奇性を見る」という解法は使い古されたと思いますが, 巧妙な塗り分けを要求する問題はまだ出題されるかもしれません.

以下では塗り分けのアイデア例を列挙します.

3.2 小ネタ

【例 1】
20×33 のマス目の盤を 1×6 の長方形で覆えないことを示せ.

2 色にこだわらない方が考えやすくなります.

解答 行ごとに 6 色を順に塗ると, 長方形に覆われるマスの数の mod 6 は色によらないが, もともと塗られているマスの数は mod 6 で異なるので不可能である. ◆

【例 2】
5×5 のマス目にカードがすべて表を上にして並んでいる. このうち, $n \times n$ ($n \geqq 2$) のマス目に並んでいる部分のカードを選びすべて裏返す操作ができる. 何回か操作をした結果, 1 枚のみ裏で, 他が表となった. 裏となったカードの位置として考えられるものをすべて求めよ.

盤が小さいことが本質の場合, 一般の大きさでは考えない塗り分けが有効かもしれません.

解答 1, 2, 4, 5 行目 (すなわち, 3 行目以外) を塗る. 操作で偶数枚の塗られたカードが裏返るので, 3 行目以外ありえない. 同様に 3 列目以外ありえないこともわかる. 一方, 中央のカードのみ裏返す手順は存在する. ◆

【2004 IMO 問題 3】
1 辺の長さが 1 である正方形 6 個からなる下のような図形を考える:

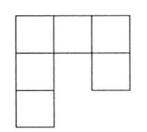

この図形と, この図形に回転や裏返しを施して得られる図形をフックと呼ぶことにする. $m \times n$ の長方形であって, いくつかのフックで覆うことができるものをすべて決定せよ.

ただし,
- 長方形は隙間や重なりが無いように覆われなければならない.
- フックの一部が長方形からはみ出してはならない.

解答

答は $(m,n) = (12i, j), (j, 12i), (3k, 4l), (4l, 3k)$ (i, j, k, l は正整数, $j \neq 1, 2, 5$) である．フックを組み合わせて 3×4 の長方形をつくり適切に配置すればこれらがフックで覆えることがわかる．その他の場合に覆えないことを示す．

まず，フックの「くぼみ」に着目することにより，フックが2つずつ対になり，次のどちらかになることがわかる．

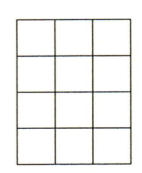

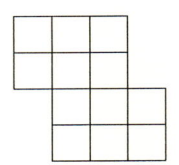

mn が 12 の倍数であることが示される．m, n いずれかが $1, 2, 5$ のときは明らかに不可能なので，$(m,n) = (2s, 6t), (6t, 2s)$ (s, t は正の奇数) が不可能であることを証明すればよい．

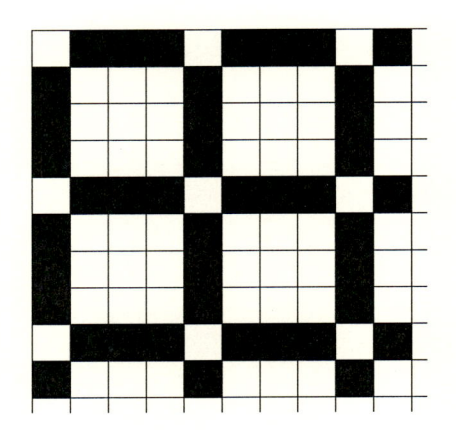

のように塗れば，どのフック対も ■ を奇数個含むが，$(m,n) = (2s, 6t), (6t, 2s)$ (s, t は正の奇数) の場合はフックは奇数対あり，■ は偶数個あり矛盾． ◆

注意

この塗り分けは 4 行ごとに塗るものと 4 列ごとに塗るものを重ねた塗り分けとなっており，それぞれの塗り分けを別々に考えて議論することもできる．

❈　ランダムあるいは平均化

次のような問題を考えてみましょう．

> 【例題】
> 　何枚かのカードがあり，それぞれのカードは 1 色以上有限の色を用いて描かれている．同じ色が用いられているカードが複数枚あるかもしれない．カードは左右の山に分けられており，左の山のカードの枚数は右の山のカードの枚数より多い．ある色に関するシャッフルとは，その色が用いられているカードすべてを左右逆の山に同時に移動することとする．何回かのシャッフルを行い，その結果，右の山のカードの枚数が左の山のカードの枚数より多くなるようにできることを示せ．

　少ない枚数の具体例をつくって実験すると，確かに条件をみたすシャッフルの手順が発見できるのですが，どのような手順が条件をみたすのかはよくわかりません．また，カードの枚数や色の個数による数学的帰納法も困難そうです．ここで，「適当にシャッフルしても条件をみたしそう」あるいは，「いつも左に偏っているわけがない」という一見雑にも思われる考えが，実は解答に結びつきます．

解答　左右の山にどのカードが含まれるかは，シャッフルの順によらず，また，同じ色に関するシャッフルを 2 回行うと元に戻る．このことから，それぞれの色についてシャッフルを行うか行わないか 2^n 通りのシャッフルの手順を考えよう．あるカードについて，これらのシャッフルの手順の結果左右どちらの山に移動しているかは，そのカードに用いられた色に関するシャッフルが偶数回か奇数回かから決まるので，(カードには 1 色以上用いられていることから) 左右どちらも 2^{n-1} 通りずつである．したがって，シャッフルの手順 2^n 通りを等確率で選ぶと，結果の左右の山のカード枚数の期待値は等しい．「何もしない」という手順で左の山のカードの枚数が右の山のカードの枚数より多いので，ある手順で右の山のカードの枚数が左の山のカードの枚数より多くなる．　◆

❈　他分野の可能性

組合せ論の問題かと思いきや $\cdots$，ということもあります．

【2007 IMO 問題 6】
n を正の整数とし，座標空間内の $(n+1)^3 - 1$ 個の点からなる集合 S を
$$S = \{(x,y,z) \mid x,y,z \in \{0,1,\ldots,n\},\ x+y+z > 0\}$$
で定める．座標空間内の k 個の平面の和集合であって，S の元をすべて含むが $(0,0,0)$ を含まないものが存在するような k の最小値を求めよ．

2次元の場合は組合せ論の問題として解け，IMO だとちょっと難しい 1 問目相当の難易度なのですが，この問題は 6 番に出題されていることからもわかるように多くの選手が苦戦し（解けなかっ）た難問です．「この問題は A 分野です」と問題文に書かれていれば解ける選手は多かったのではないでしょうか．

解答 k 個の平面のそれぞれの方程式を $a_i x + b_i y + c_i z = 0\ (i = 1,2,\ldots,k)$ とおき，$f(x,y,z) = \prod_{i=1}^{k}(a_i x + b_i y + c_i z)$ を考える．点 (x,y,z) が k 個の平面の和集合に含まれることと $f(x,y,z) = 0$ が同値であるから，$f(0,0,0) \neq 0$，$(x,y,z) \in S$ について $f(x,y,z) = 0$ が成り立つ．関数 $g(x,y,z)$ について g の差分を $\Delta_x g(x,y,z) = g(x+1,y,z) - g(x,y,z)$ と定め，$\Delta_y g, \Delta_z g$ も同様に定めると，$\Delta_x \cdots \Delta_x \Delta_y \cdots \Delta_y \Delta_z \cdots \Delta_z g(0,0,0) = f(0,0,0) \neq 0\ (\Delta_x, \Delta_y, \Delta_z$ は各 n 回$)$ となる．一方，差分をとる操作は多項式の次数を 1 減らすから，f の次数は $3n$ 以上である．$k \geq 3n$ が示された．$k = 3n$ の場合の構成は容易． ◆

この問題は極端ですが，他分野の知識を（部分的に）有効に用いることを要求する問題はたまに出題されているように思います．

✹ グラフ理論

問題文に「パーティーに人がいて知り合いであるかそうでないかいずれかである」あるいは「空港が n 個あり，片道の航空便がいくつか出ている」と書かれている場合，グラフ理論からの出題です（順に無向グラフ，有向グラフのとき）．このような場合，「人を頂点とし，友人関係を辺とするグラフを考える」と答案の最初に書き，以降グラフ理論の用語を用いて議論した方が簡潔になると思われます．問題にもよりますが，**path**(道) や **cycle**(閉路) は（「友達の友達の……」とは書きづらく）特に便利な用語ではないでしょうか．余談ですが，2007 IMO 問題 3 のように，はっきりと clique (クリーク) というグラフ理論の用語が問題文で定義されたこともあります．

3.3 思考過程

実際に問題を解く際の思考過程を書き下してみることにします．

> **【2006 IMO 問題 2】**
> 正 2006 角形 P がある．P の対角線で次の条件をみたすものを**奇線**とよぶことにする：対角線の両端点で P の周を 2 つの部分に分けたとき，各部分は奇数個の辺を含む．
> また，P の各辺も**奇線**とよぶ．
> P を，端点以外では共通点をもたない 2003 本の対角線で三角形に分割するとき，2 辺が奇線であるような二等辺三角形の個数のとりうる最大値を求めよ．

- 2006 とか書いてるけど，とりあえず小さい n で実験するか．といっても，奇線とかいってるし，n が偶数のときを考えたい．
- とりあえず $n = 4, 6, 8, 10$ の図を描く．その結果，求める最大値は $2, 3, 4, 5$ となってることがわかる．
- ということは，一般に答えは $\dfrac{n}{2}$ じゃね？ ていうか，明らかに $\dfrac{n}{2}$ 以上だし．でもそれ以上増えそうになくね？
- つまり，どうにかして $\dfrac{n}{2}$ 以下であることを示したい．
- 大きな二等辺三角形をとると，それがスペースをとるため，もうあまり大きな二等辺三角形は描けない．→ 「狭いところには少ない数の二等辺三角形しか描けない」ということが帰納的に示されてく？
- 長さ m の狭いところ (m 辺と長さ m の対角線に囲まれた部分) に $\dfrac{m}{2}$ 個くらいしか無理？
- (小さな数で実験したところ) $m \leqq \dfrac{n}{2}$ ならば $\dfrac{m}{2}$ 個以下しか無理であることを確信し，それを帰納法で示した．
- 一方，(小さな数で実験したところ) $m > \dfrac{n}{2}$ ならば $\dfrac{m+1}{2}$ 個以下がいえるようである．→ これも帰納法で示した．ただ，さっきよりは少しばかり面倒だった．これが示されたので，題意も示された．

ここまでが，問題を解くまでのひととおりの思考過程です．なお，半分より大き

な領域について議論するのが少し面倒である，という点を，次のようにして乗り越えた人もいました：
- なんというか「円は巡回してうざい」から，適当に大きな三角形で切ってしまえないか．
- 正 2006 角形の中心を通るような三角形で切ってしまえば，残った 3 箇所はいずれもその長さが $\frac{2006}{2}$ 以下である！ つまり考えやすい！

また，こういうシンプルな考え方もあります．奇線の本数に注目しています：
- もともと正 2006 角形から 1 つずつ三角形を切り出していく，という状況を考えると，1 つよい二等辺三角形を切り出すたびに，多角形の周の奇線の本数が 2 ずつ減っていく．その他では周の奇線が増えることは決してない（※切り出した範囲が半分以下のときにのみこれらは成り立つ）．

Column　IMO 日本代表選手の感想

　　朝 5 時に起きて就寝がその 26 時間後だった．そのうち，半分以上を空の上で過ごした．一日に 3 つも飛行機に乗ったのは初めてだった．
　　試験後観光に行った．1 日目は湖水地方，2 日目は船に 8 時間も乗った．閉会式が終わって，「もう IMO が終わるんだなあ……」と思うと，やたら淋しくなった．パーティは結構楽しめた．あんな感じの雰囲気は結構好きだ．ずっとこのままでいたいと思った．宿舎に帰ってからシンガポールの選手と遊んだ．来年参加資格がある人がいたので，再会を誓って最後のお別れをした．他の人たちともう会うことがないのかと思うと，涙が出てきそうになった．

【西本将樹 (2002 IMO 英国大会日本代表, 2003 IMO 日本大会金メダル, 2004 IMO ギリシャ大会金メダル) 灘高等学校 1 年, 2002 IMO 英国大会日本代表時の感想】

4 幾何—初等幾何による解法—

　数学オリンピックで出題される幾何分野の問題については，「式の計算によって機械的に解く」方法と，「初等幾何的に解く」方法の大きく分けて 2 つの方針があるのではないかと思います．この章では，初等幾何的に解くための考え方やよく用いられる定理などを取り扱います．初等幾何的方法は，問題に現れない補助線などを発見する手順が介在しますが，一方で，計算による解法と比べ腕力を必要とせず，解答がシンプルになることが多いです．

4.1 基本的な方針・考え方

基本戦略

　難しい定理はあまり必要なく，円周角の定理や方べきの定理，三角形の相似などのような基本的なことが道具となります．

　円周角の定理や平行線などによって角度が等しい箇所を発見することで，そこから新たに同一円周上にある点や平行な直線を発見したり，相似な三角形を発見できたりします．つまったら角度が等しいところにひたすら印をつけまくってみるのも悪くないでしょう．

　線分の長さなどによる議論をする場合，方べきの定理などから長さの関係式を得て，新たに方べきの定理や三角形の相似が使える箇所を探すのが基本的でしょう．

結論から辿る

　初等幾何の命題には，その命題の逆も成り立っているようなものが多いです．そのため，問題の図において，結論を仮定して導き出される結果に着目することで逆に，「これを示せば解決する (これを示したい)」といった進展が得られることがしばしばあります．

　この方法を用いる場合は，「問題の仮定からわかったこと」と「示したいこと」がごっちゃにならないように注意しましょう．

✺ わかりやすい・わかりにくい条件

問題の図・条件から推論を重ねていく場合でも，上の「結論から辿る」方法を使っている場合でも，どういった事実・条件が「使いやすい・示しやすい」のかがなんとなくわかると，あまりに使えない補助線を引いてしまったりすることが少なくなるのではないかと思います．

どういった条件が使いやすいのかについては何ともいえませんが，おおむね，自由にとった点や直線についての条件は使いやすく，それらから作図を重ねていくほど使いにくい条件になるのではないかと思います．

✺ 図を描く順番

問題文に与えられた順で図形を描いていくのがやりやすいとは限りません．とくに問題文が「〜〜をして〜〜をしたところ，○○となった．」などとなっている場合，問題文に出てくる順に図を描いても，○○の部分をみたすのが難しかったりなどしてうまく描けないことがあります．そのような場合は，図を描く順番を変えることでその困難が解消されることがあります．

✺ 4.2 雑多な内容 ✺

特にとりとめもなく，やや知名度が低そうでたまに有用な内容を書き連ねました．

✺ 反転について

反転は以下に述べるようなすごい変換です．円が多い問題や，円と円が接するような問題で，円を直線にして扱いやすくするのが主な使用法だと思いますが，そうでない場合でも威力を発揮する場合があります．

[定義] (反転)

中心が O, 半径が r であるような円による反転 (または, 中心 O, 反転半径 r による反転) とは以下のような変換である:

点 A を, 半直線 OA 上にあって $OA \cdot OA' = r^2$ をみたす点 A' にうつす.

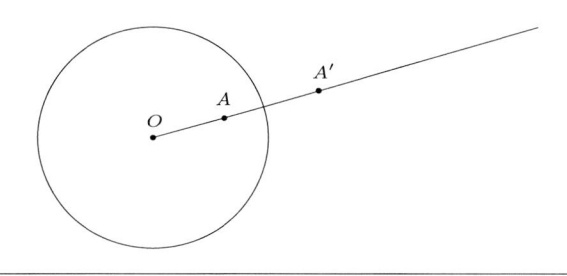

以下, よく使われる反転の性質を述べます. O, r は固定し, 反転により点 X がうつる先を X' と書くことにします.

円, 直線の変換:

- O を通らない円は O を通らない円にうつる.
- O を通る円は O を通らない直線にうつる.
- O を通らない直線は O を通る円にうつる.
- O を通る直線は O を通る直線 (自分自身) にうつる.

(実は, 直線を「無限遠点を通る円」と考え, 反転によって O は無限遠点に, 無限遠点は O にうつると考えることで, 上の性質は「円は円にうつる」と統一的に理解できます.)

また, 接する 2 円, 接する円と直線, 平行な 2 直線は反転してもやはりこれらのうちのどれかにうつる.

長さ, 角度の変化: A, B は O と異なる 2 点とすると, $\dfrac{OB'}{OA} = \dfrac{OA'}{OB} = \dfrac{r^2}{OA \cdot OB}$, $\angle AOB = \angle B'OA'$ だから, $\triangle OAB$ と $\triangle OB'A'$ は相似比 $1 : \dfrac{r^2}{OA \cdot OB}$ で相似.

よって, $A'B' = \dfrac{r^2 \cdot AB}{OA \cdot OB}, \angle OA'B' = \angle OBA, \angle OB'A' = \angle OAB$.

【2004 春合宿】
異なる 4 円 $\Gamma_1, \Gamma_2, \Gamma_3, \Gamma_4$ があり, Γ_1 と Γ_3 は点 P で外接し, Γ_2 と Γ_4 も点 P で外接している. Γ_1 と Γ_2, Γ_2 と Γ_3, Γ_3 と Γ_4, Γ_4 と Γ_1 がそれぞれ P と異なる点 A, B, C, D で交わっているとする. このとき, $\dfrac{AB \cdot BC}{AD \cdot DC} = \dfrac{PB^2}{PD^2}$ を示せ.

円が P に 4 つも集まっており, ここを中心に反転すれば円を一気に減らせそうです. 残念ながら, 普通はここまであからさまなことは少ないです.

解答 P を中心とした反転半径 1 の反転を考える. これにより点 X がうつる先を X' と書く. このとき, 各 Γ_i はいずれも P を通る円なので, 直線にうつる.

また, Γ_1 と Γ_3, Γ_2 と Γ_4 はそれぞれ接していたので, これらがうつる先の直線はそれぞれ平行である.

ゆえに, それらの交点を結んでできる四角形 $A'B'C'D'$ は平行四辺形である. よって, $A'B' = C'D'$, $B'C' = D'A'$.

これらを元の図の長さで書き直すと, $\dfrac{AB}{PA \cdot PB} = \dfrac{CD}{PC \cdot PD}$, $\dfrac{BC}{PB \cdot PC} = \dfrac{DA}{PD \cdot PA}$ がわかる. 辺々掛け合わせて整理すれば示すべき式を得る. ◆

✹ 相似の利用

拡大・縮小・平行移動のみで表せる相似変換 (回転・鏡映を要しないもの. ただし 180 度の回転は -1 倍の拡大だと考える. 以下相似拡大と呼ぶことにする) については以下の事柄が有用です.

注意 拡大倍率とか拡大の中心とかの言葉は定義しませんがそれっぽいやつです. 正確には, 拡大倍率が 1 だと拡大の中心が存在しなくて困るのですがあたたかくスルーしてください.

- 相似拡大 f で対応しあう 2 点は, f の拡大の中心と同一直線上にある.
- f, g が相似拡大なら $g \circ f$ (f と g の合成, 「f やって g やる」のこと) も相似拡大で, その拡大倍率は f の拡大倍率と g の拡大倍率の積. さらに, $f, g, g \circ f$ の拡大の中心は同一直線上にある. (Menelaus の定理からわかる. あるいは, f, g の拡大の中心を結ぶ直線が $g \circ f$ で不変なことを用いてもよい.)

実際には, 円と円とが必ず相似拡大でうつりあうことを利用する場合が多いです. この場合, 相似の中心としては 2 通りの場所が考えられます (拡大倍率が正の場合と負の場合). 円と円が接している場合, その接点は 2 円の相似の中心となります (内接なら正の倍率, 外接なら負の倍率). また, 共通外接線が 2 本引ける場合, それらの交点は

(正の倍率の) 相似拡大の中心となります. 共通内接線についても同様です.

以下の 2 つの例のような形はしばしば出てきます:

例 円 O 上に 2 点 A, B がある. 線分 AB と円 O に接する円 O' がある. 円 O' と円 O との接点を P, AB との接点を Q としたとき, 直線 PQ は弧 AB (P を含まない方) の中点を通る.

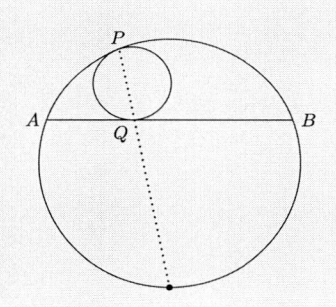

証明 円 O' と円 O は点 P を相似の中心として相似である. この相似により Q に対応する円 O 上の点を R とすると, 半直線 $O'Q$ と OR の向きが等しいことから, R は弧 AB (P を含まない方) の中点であることがわかる. P, Q, R は同一直線上にあるので示された. ◆

例 半径の異なる円 O_1, O_2, O_3 があり, 互いに他を含んでいない. このとき, O_2 と O_3 の共通外接線の交点を P_1, O_3 と O_1 の共通外接線の交点を P_2, O_1 と O_2 の共通外接線の交点を P_3 とすると, P_1, P_2, P_3 は同一直線上にある.

証明 O_1 を O_2 にうつす正の倍率の相似拡大を f, O_2 を O_3 にうつす正の倍率の相似拡大を g とすると, $g \circ f$ は O_1 を O_3 にうつす正の倍率の相似拡大である. よって, P_1, P_2, P_3 はそれぞれ $g, g \circ f, f$ の拡大の中心なので同一直線上にある. ◆

上では $f, g, g \circ f$ の拡大倍率の関係が「正×正＝正」だったが,「正×負＝負」,「負×正＝正」,「負×負＝正」でももちろん同様のことがいえます. また, 共通接線の交点のほか, 円と円が接している場合は接点も相似の中心なので同様のことが成り立ちます.

上の例を使う問題の例をいくつかおいておきます.

【2002 JMO 本選 問題 1】

円 C_0 の周上に相異なる 3 点 A, M, B があり, $AM = MB$ が成り立っている. 直線 AB に関して M と反対側の弧 AB 上に, 点 P をとる. 円 C_0 に点 P で内接し, 弦 AB に接する円を C_1 とし, C_1 と弦 AB との接点を Q とする. このとき, 点 P のとり方によらず, MP と MQ の積 $MP \cdot MQ$ が一定であることを示せ.

解答 上の 1 つ目の例の議論より, P, Q, M は同一直線上にある.
$\angle APM = \angle ABM = \angle BAM = \angle QAM$, $\angle PMA = \angle AMQ$ より, $\triangle APM$ と $\triangle QAM$ は相似. よって, $MP \cdot MQ = MA^2$ となり, これは点 P のとり方によらない. ◆

【2009 JMO 本選 問題 4】

三角形 ABC の外接円を Γ とする. 点 O を中心とする円が, 線分 BC と点 P で接し, Γ の弧 BC のうち A を含まない方と点 Q で接している. $\angle BAO = \angle CAO$ のとき, $\angle PAO = \angle QAO$ であることを示せ.

解答 $\angle BAO = \angle CAO$ なので, 円周角の定理から, 直線 AO は弧 $BC(A$ を含まない側) の中点 M を通る. また, 上の 1 つ目の例の議論より, 直線 PQ は弧 $BC(A$ を含む側) の中点 N を通る.

直線 MN と直線 PO はどちらも BC に垂直なので互いに平行. よって $\angle OPQ = \angle MNQ$. また, 円周角の定理より $\angle MNQ = \angle MAQ$. よって, $\angle OPQ = \angle MAQ = \angle OAQ$ なので, 円周角の定理の逆から, A, P, O, Q は同一円周上にある. よって, $\angle PAO = \angle PQO = \angle QPO = \angle QAO$. ◆

【2008 春合宿 問題 6】

凸四角形 $ABCD$ の辺 AB 上に点 P がある. ω を CPD の内接円, I をその中心とする. ω が, 三角形 APD および BPC の内接円とそれぞれ点 K, L で接しているとする. 直線 AC と BD が点 E で, AK と BL が F で交わっているとき, E, I, F は一直線上にあることを示せ.

解答 三角形 APD, BPC の内接円を o_1, o_2 とする.
AP, AD と o_1 の接点を T, U とし, CD と ω の接点を V とすると, $PT = PK = PL, AT = AU, CV = CL, DV = DK = DU$ より $AP + DC = $

$AT + PT + CV + DV = AU + DU + PL + CL = AD + CP$ となる. よって, 四角形 $APCD$ は内接円 O_1 をもつ. 同様に, 四角形 $PBCD$ は内接円 O_2 をもつ.

また, 線分 AB, 半直線 AD, BC に接する円を Ω とする.

Ω, ω の正の倍率, 負の倍率の相似の中心をそれぞれ E', F' とする. すると, 明らかに E', F' および ω の中心 I は同一直線上にある.

円 O_1, ω, Ω に注目すると, O_1, ω の正の倍率の相似の中心は C, O_1, Ω の正の倍率の相似の中心は A なので, E' は直線 AC 上にある. 同様に E' は直線 BD 上にもあるので, $E' = E$ である.

円 o_1, ω, Ω に注目すると, o_1, ω の負の倍率の相似の中心は K, o_1, Ω の正の倍率の相似の中心は A なので, F' は直線 AK 上にある. 同様に F' は直線 BL 上にもあるので, $F' = F$ である.

以上より示された. ◆

【2008 IMO 問題 6】

凸四角形 $ABCD$ は $BA \neq BC$ をみたす. 三角形 ABC, ADC の内接円をそれぞれ ω_1, ω_2 とする. 直線 AD, CD に接する円であって, 直線 BA と A に関して B の反対側 (A は含まない) で接し, 直線 BC と C に関して B の反対側 (C は含まない) で接するものが存在したとし, その円を ω とする. このとき, ω_1, ω_2 の2本の共通外接線は ω 上で交わることを示せ.

解答 ABC, ADC の角 B, D 内の傍接円をそれぞれ Ω_1, Ω_2 とする.

先の問題の解答の序盤と同様に, 接線の長さが等しいことを使って計算すると, ω_1 と Ω_2, ω_2 と Ω_1 がそれぞれ共通の点で AC と接することがわかる. 接点をそれぞれ P, Q としよう.

また, 問題の共通外接線の交点を R とする (ω_1, ω_2 の正の相似中心).

先と同様に, $\omega_1, \omega_2, \Omega_1$ から, B, Q, R の共線が, $\omega_1, \omega_2, \Omega_2$ から, D, P, R の共線がわかる.

また, ω 上の点で, その点における接線が AC と平行になるもののうち B に近い方の点 R' を考えると, Ω_1 と ω の相似 (中心 B) から B, Q, R' の共線が, Ω_2 と ω の相似 (中心 D) から D, P, R' の共線がわかる.

以上より $R = R'$ となり示された. ◆

✺ 根軸

方べきについて：円 O と点 P に対し，点 P を通って円 O と 2 点 Q, R で交わる直線を引くと，$PQ \cdot PR$ の値は直線のとり方によらない，というのが方べきの定理でした．この値を P の O に対する方べきと呼びます．

> **注意** 上の方べきの値は符号つきで考える：つまり，Q と R が P から見て同じ側にあれば $PQ \cdot PR$，反対側にあれば値は $-PQ \cdot PR$．

> **注意** 円の中心が O，半径が r のとき，その円に対する P の方べきは $OP^2 - r^2$ に等しい（たとえば，直線 PO などを考えよ）．

2 つの（中心を共有しない）円 O_1 と O_2 があったとき，O_1 に対する方べきと O_2 に対する方べきが等しい点の軌跡は直線になることがわかります．この直線を O_1 と O_2 の根軸といいます．

根軸の性質：
- 2 円が 2 点で交わっている場合，その 2 円の根軸は，2 つの交点を結ぶ直線となる．（円の交点においては，どちらの円に対する方べきも 0 なので．）
- 根軸上の点（であって，2 つの円の外側にあるもの）に対し，そこから 2 円に引いた接線の長さは等しい．特に，2 円の共通接線が各々の円と P_1, P_2 でそれぞれ接しているとき，根軸は $P_1 P_2$ の中点を通る．
- 円 O_1, O_2, O_3 に対して，O_1, O_2 の根軸，O_2, O_3 の根軸，O_3, O_1 の根軸は 1 点で交わる（または，すべて平行になる）．

✺ 「一定の〜〜」を求める問題

「〜〜はつねにある定点を通ることを示せ」「〜〜の長さはつねに一定であることを示せ」などの問題はたまに見られます．このような問題を解くとすれば，たとえば前者の例なら「定点」がいったい「どこの点」なのかを予想し，その点を実際に「〜〜」が通ることを示すという解法になるでしょう．その際必要となる特有の作業が，「一定の〜〜」を予想する作業です．

以下のように，特殊な場合の図を考えることで予想を立てることが多いです．

4.2 雑多な内容

【2006 春合宿 問題 4】

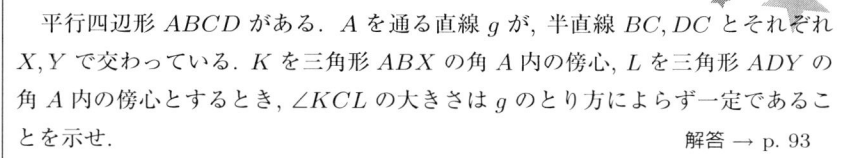

平行四辺形 $ABCD$ がある．A を通る直線 g が，半直線 BC, DC とそれぞれ X, Y で交わっている．K を三角形 ABX の角 A 内の傍心，L を三角形 ADY の角 A 内の傍心とするとき，$\angle KCL$ の大きさは g のとり方によらず一定であることを示せ．

解答 → p. 93

g が直線 AC である場合を考えると，$X = Y = C$ となり，K は $\angle ACB$ の外角の二等分線上，L は $\angle ACD$ の外角の二等分線上にのるので，$\angle KCL = \frac{1}{2}(\pi - \angle ACB) + \frac{1}{2}(\pi - \angle ACD) = \frac{1}{2}(2\pi - \angle BCD)$ となります．そこで，一般の g に対しても $\angle KCL = \frac{1}{2}(2\pi - \angle BCD)$ となることを示すという指針が立ちます．

次のように，たとえば問題文中で「線分上」となっている条件を「直線上」とゆるめることで，よい図が見つかる場合もあります．

【2005 IMO 問題 5】

凸四角形 $ABCD$ があり，$BC = AD$ かつ辺 BC と AD は平行でないとする．E, F はそれぞれ辺 BC, AD 上の端点以外の点で $BE = DF$ を満たしながら動く．直線 AC と BD の交点，直線 BD と EF の交点，直線 EF と AC の交点をそれぞれ P, Q, R とおく．点 E, F が動くとき，三角形 PQR の外接円は P 以外のある定点を通ることを示せ．

E, F のとり方の条件「辺 BC, AD 上」を「直線 BC, AD 上」とゆるめて，直線 BC, AD の交点に E が一致する場合を考えると，直線 EF は直線 AD に一致し，$Q = D, R = A$ となります．よって，問の「定点」は三角形 PAD の外接円上にあることが予想できます．

同様に F が BC, AD の交点に一致する場合も考えれば，結局「定点」は PAD と PBC の外接円の (P でない方の) 交点であると予想できます．

解答 ADP の外接円と BCP の外接円の交点を X とおく．PQR の外接円が X を通ることを示す．($X \neq P$ は AD と BC が平行でないことからわかる．) X が角 APB 内にあるときに示す．角 CPD 内にあるときも同様．

$\angle DAX = \angle XPB = \angle BCX, \angle ADX = \angle APX = \angle CBX, DA = BC$ より，三角形 XDA と XBC は合同．F と E はこの合同で対応する点なので $XF = XE$, $\angle DXF = \angle BXE$ である．

$\angle BXD = \angle BXE + \angle EXD = \angle DXF + \angle EXD = \angle EXF$, $XB : XD = 1 : 1 = XE : XF$ より, 三角形 XBD と XFE は相似. 同様に, 三角形 XCA もこれらの三角形と相似. これら 3 つの三角形の相似より, $\angle XDR = \angle XFR$, $\angle XAQ = \angle XFQ$ なので, X, D, F, R および X, A, F, Q はそれぞれ同一円周上にある. よって, $\angle XQP + \angle XRP = \angle XFD + \angle XFA = 180°$ となり, P, Q, R, X が同一円周上にあることがいえた. ◆

このような方法を用いる場合には, 長さや角度の向きが問題の状況と変わってしまう場合があるので注意しましょう.

また, 以下のように, 「極限」を考えることで解決する場合もあります.

【2007 IMO SLP】
$AB = AC$ である二等辺三角形 ABC があり, 辺 BC の中点を M とする. AMB の外接円の劣弧 MA 上に点 X をとる. 角 BMA 内に点 T を, $\angle TMX = 90°$, $TX = BX$ をみたすようとる. このとき, $\angle MTB - \angle CTM$ は X のとりかたによらないことを示せ.

X が M に「非常に近い」場合を考えると, 直線 MX は円 AMB の M での接線になるので, $TM \perp MX$ の条件から, T は M での接線に直交する直線上 (円 AMB の M を通る直径上) にとられることになります. 円 AMB の中心は AB の中点なので, 結局直線 TM は辺 AC に平行になります.

$\angle TMB = \angle ACB, TM = BM = CM$ を用いて $\angle MTB - \angle CTM$ を計算すると, $90° - \angle ABC = \angle BAM$ となります. よって一般の場合にもこの角度に等しいことを示せば OK.

解答 $\angle MTB - \angle CTM = \angle BAM$ を示せばよい.

4 点 B, M, X, A は同一円周上にあるので, 円周角の定理より, $\angle BAM = \angle BXM$ である. また, BT の中点を N とすると, $\angle TNX = 90° = \angle TMX$ より T, X, M, N は同一円周上にあるので, $\angle MTB = \angle MTN = \angle MXN$ である. よって, $\angle MTB - \angle BAM = \angle MXN - \angle BXM = \angle NXB$. あとは $\angle NXB = \angle CTM$ をいえばよい.

NM と TC が平行なことから $\angle CTM = \angle TMN$ である. また, T, X, M, N が同一円周上にあることから $\angle TMN = \angle TXN$ である. $\angle TXN = \angle NXB$ より, $\angle NXB = \angle CTM$ がいえた. ◆

予想を立てる部分は少し複雑でしたが,それによって「$\angle MTB - \angle BAM$ に等しい角度をつくる」という方針が立ちやすくなったのがわかると思います.

✹ 有向角・符号付面積

点の配置としてさまざまなものが考えられる問題では,角度や面積の議論をしようとしたとき,点の配置によって場合分けが生じ煩雑になってしまう場合があります.そういった場合,以下に述べる有向角や符号付面積などを用いると解答が簡潔になる場合があります.

以下で用いている記号はおそらく一般的なものではないのでご注意を.

> [定義] (有向角)
> 平面上の 3 点 A, B, C に対し,直線 BA を B を中心に反時計回りに θ 回転させたときに直線 BC に重なるとき,$\angle(ABC) = \theta$ と書く.

注意 定義からわかるように,$\angle(ABC)$ には π の整数倍分の不定性がある (つまり,θ の代わりに $\theta + n\pi$ を $\angle(ABC)$ の値と見なすこともできる).以下で用いている等号は実際には「mod π での等号」なので注意.

これについて,以下のような性質が点の配置によらず成り立つことがわかります:
- $\angle(CBA) = -\angle(ABC)$
- $\angle(AOB) + \angle(BOC) = \angle(AOC)$
- O, A, A' および O, B, B' がそれぞれ同一直線上にあるとき,$\angle(AOB) = \angle(A'OB')$
- 4 点 A, B, C, D が同一円周上にあるとき,$\angle(ACB) = \angle(ADB)$.また逆に,$\angle(ACB) = \angle(ADB) \neq 0$ なら,4 点 A, B, C, D は同一円周上にある.

> [定義] (符号付面積)
> 平面上の 3 点 A, B, C に対し,三角形 ABC の符号付面積 $s(ABC)$ を,
> $$s(ABC) = \begin{cases} \triangle ABC & (A, B, C \text{ が反時計回りに並んでいるとき}) \\ -\triangle ABC & (A, B, C \text{ が時計回りに並んでいるとき}) \end{cases}$$
> で定める.3 点が同一直線上にあるときは $s(ABC) = 0$ とする.

これについて,以下のような性質が点の配置によらず成り立つことがわかります:

- $s(BAC) = s(ACB) = s(CBA) = -s(ABC) = -s(BCA) = -s(CAB)$.
- M が 2 点 P, P' の中点のとき, $s(ABM) = \dfrac{1}{2}(s(ABP) + s(ABP'))$. より一般に, N が PP' を $t : u$ に内分 (外分) する点なら, $s(ABN) = \dfrac{us(ABP) + ts(ABP')}{u + t}$ ($\dfrac{us(ABP) - ts(ABP')}{u - t}$).
- $s(ABC) = 0$ なら, A, B, C の 3 点は同一直線上にある.
- 同一直線上にある 3 点 A, B, C に対し, $s(OAB) + s(OBC) = s(OAC)$.

✤ 三角形の各所の長さ

あまりいつ使うのかわからない. でも, 「頂点から内接円の接点までの距離 (箇条書きの 2 つ目)」とかはしばしば使います.

(三角形 ABC の辺 BC, CA, AB の長さを a, b, c, 面積を S, 外接円, 内接円の半径をそれぞれ R, r とする.)

- 角 A の二等分線が辺 BC と交わる点を D とすれば, $BD = \dfrac{ac}{b+c}, CD = \dfrac{ab}{b+c}$. ($BD + CD = BC, BD : CD = AB : AC$ からわかる. 外角の 2 等分線でも同様.)
- 三角形の内接円が辺 BC, CA, AB と接する点を J, K, L とすると, $AK = AL = \dfrac{-a+b+c}{2}, BL = BJ = \dfrac{a-b+c}{2}, CJ = CK = \dfrac{a+b-c}{2}$. (点から円に引いた 2 本の接線の長さが等しいことを用いると得られる. 傍接円の場合も同様にして似たような式が求められる.)
- A から BC に下ろした垂線の足を H とすると, $BH = \dfrac{a^2 - b^2 + c^2}{2a}, CH = \dfrac{a^2 + b^2 - c^2}{2a}$. (余弦定理から $\cos B$ を求め, $BH = BA \cos B$ を用いると得られる.)
- $S = \dfrac{\sqrt{(a+b+c)(a+b-c)(a-b+c)(-a+b+c)}}{4}$ (Heron の公式)
- $R = \dfrac{abc}{4S}, r = \dfrac{2S}{a+b+c}$

✤ 射影幾何の 4 つの定理

通常の幾何では「長さ, 角度, 面積」といったものの性質を調べますが, それらには注目せずに「点と直線の交わり方」のみに注目して, その性質を調べるような幾何学を射影幾何学といいます.

射影幾何では「射影平面」を考えます. 射影平面は, 通常の平面に「無限遠点」と呼

ばれる点たちを付け加えたものです．1 つの「方向」と 1 つの無限遠点が一対一に対応しており，その方向に向かっている任意の直線は，対応する無限遠点を通ります．射影幾何の命題は，いずれも通常の平面上で考えてやることもできますが，射影平面上で考えてやることにより，より威力を発揮します (→ p. 84)．ここでは，数学オリンピックの幾何の問題を解く際に有用と思われる射影幾何の定理を 4 つ紹介します．

[定理] (Pappus の定理)
　相異なる 2 直線 l_1, l_2 があり，l_1 上に相異なる 3 点 A_1, A_3, A_5，l_2 上に相異なる 3 点 A_2, A_4, A_6 がある．このとき，A_1A_2 と A_4A_5 の交点，A_2A_3 と A_5A_6 の交点，A_3A_4 と A_6A_1 の交点は，同一直線上にある．

[定理] (Desargues の定理)
　相異なる 3 直線 l_1, l_2, l_3 は 1 点 P で交わるとする．各 l_i 上に相異なる 2 点 A_i, B_i があるとき $(i = 1, 2, 3)$，A_1A_2 と B_1B_2 の交点，A_2A_3 と B_2B_3 の交点，A_3A_1 と B_3B_1 の交点は，同一直線上にある．

初等幾何の命題の多くと異なり，射影幾何の命題には，長さや角度の条件が含まれません．上の 2 つの定理でも，その仮定，結論が「点と直線の交わり方」のみであることが見てとれると思います．

次に，直線だけでなく曲線が出てくる定理を 2 つ紹介します：

[定理] (Pascal の定理)
　2 次曲線上の相異なる 6 点 $A_1, A_2, A_3, A_4, A_5, A_6$ について，A_1A_2 と A_4A_5 の交点，A_2A_3 と A_5A_6 の交点，A_3A_4 と A_6A_1 の交点は，同一直線上にある．

2 次曲線とは平面上で $(x, y$ の 2 次式$) = 0$ で定義される図形です．楕円 (特に円)，放物線，双曲線は 2 次曲線です．また，「相異なる 2 直線」もまとめて 1 つの 2 次曲線と見なしてやることができる (直線 $f(x, y) = 0$ と $g(x, y) = 0$ が存在するとき，$fg = 0$ で定義される図形が何に相当するかを考えよ) ため，この定理は前述の Pappus の定理を含んでいるといえます．

[定理] (Brianchon の定理)
 2 次曲線に接する相異なる 6 直線 $l_1, l_2, l_3, l_4, l_5, l_6$ について, (l_1 と l_2 の交点) と (l_4 と l_5 の交点) を結ぶ直線, (l_2 と l_3 の交点) と (l_5 と l_6 の交点) を結ぶ直線, (l_3 と l_4 の交点) と (l_6 と l_1 の交点) を結ぶ直線は, 1 点で交わる.

Pascal の定理と Brianchon の定理は「双対」の関係にあります. 射影幾何の命題があるとき, その命題中の「点」と「直線」をそっくり入れ替えてやると新しい命題がつくれますが[*1], その命題を元の命題の双対命題といいます. 一般に, 元の命題が成り立つならば双対命題も成り立つことが知られています.

以下, 注意事項です.
- これらの定理は, 射影平面上で考えることにより, たとえば定理中の直線のうちいくつかが平行であるような場合にも適用することができます. 相異なる平行な 2 直線の交点は, 普通に考えると存在しませんが, 射影平面においては「(それらの直線の方向の彼方にある) 無限遠点で交わる」と考えることができます.
- 後半 2 つの定理で「2 次曲線」とありますが, 実際は円の場合を考えることがほとんどです.
- 極限を考えることで, 定理中に「相異なる」と書かれたいくつかの点や直線が一致してしまっている状況を考えることが可能な場合もあります. たとえば, Brianchon の定理の特殊な場合として, 次のような命題が比較的よく出てきます: 四角形 $ABCD$ が, 辺 AB, BC, CD, DA 上の点 P, Q, R, S においてある円に外接するとき, AC, BD, PR, QS は 1 点で交わる.

これらの定理を用いるような例題を挙げます.

[*1] 「2 直線の交点」は「2 点を結ぶ直線」と入れ替える.「2 次曲線に接する直線」は「2 次曲線上の点」と入れ替える.

【2007 春合宿 問題 7】

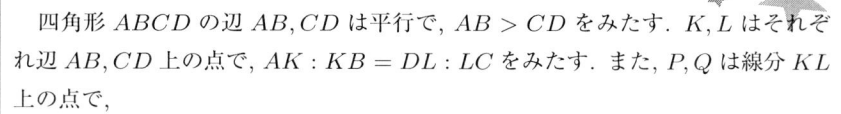

四角形 $ABCD$ の辺 AB, CD は平行で,$AB > CD$ をみたす.K, L はそれぞれ辺 AB, CD 上の点で,$AK : KB = DL : LC$ をみたす.また,P, Q は線分 KL 上の点で,

$$\angle APB = \angle BCD, \quad \angle CQD = \angle ABC$$

をみたす.このとき,P, Q, B, C が同一円周上にあることを示せ.

解答 P と Q は異なるとしてよい.線分 KL 上に 4 点 K, Q, P, L がこの順に並ぶ場合に示す (P と Q の順番が逆の場合でも同様にして示せる).AP と DQ の交点を R,BP と CQ の交点を S とおく.

$AK : KB = DL : LC$ および AB, CD が平行であることより,直線 AD, BC, KL は 1 点で交わる.そこで,三角形 ABP と DCQ に対して Desargues の定理を適用することにより,AB と DC の交点 (すなわち AB 方向の無限遠点),BP と CQ の交点 S,PA と QD の交点 R は同一直線上にあることがわかる.すなわち RS は AB, DC に平行である.

$\angle APB + \angle CQD = \angle BCD + \angle ABC = 180°$ より,4 点 P, Q, R, S は同一円周上にある.また $\angle CBP + \angle ABP = \angle ABC = 180° - \angle APB = \angle BAP + \angle ABP$ より $\angle CBP = \angle BAP$ である.よって

$$\angle CBP = \angle BAP = \angle SRP = \angle SQP$$

となり,円周角の定理の逆より 4 点 P, Q, B, C は同一円周上にある.◆

【2008 春合宿 問題 11】

三角形 ABC の外接円を ω とし,辺 BC, CA, AB の中点をそれぞれ A_1, B_1, C_1 とする.ω 上に点 P をとり,直線 PA_1, PB_1, PC_1 が ω と再び交わる点をそれぞれ A', B', C' とする.さらに,6 点 A, B, C, A', B', C' は相異なり,直線 AA', BB', CC' は三角形をなしたとする.この三角形の面積は P のとり方によらず一定であることを示せ.

解答 BB' と CC' の交点を A_2,CC' と AA' の交点を B_2,AA' と BB' の交点を C_2 とおく.円 ω 上の 6 点 A, B, B', P, C', C に対して Pascal の定理を適用することにより,3 点 A_2, B_1, C_1 は同一直線上にあることがわかる.同様にして,3 点 B_2, C_1, A_1,3 点 C_2, A_1, B_1 も同一直線上にあることがわかる.

BC_1 と B_1C_2, および CB_1 と C_1B_2 がそれぞれ平行であることより, $A_2B : A_2C_2 = A_2C_1 : A_2B_1 = A_2B_2 : A_2C$ であるので BB_2 と CC_2 は平行である. ゆえに三角形 $A_2B_2C_2$ の面積は三角形 A_2BC の面積に等しく, これは三角形 ABC の面積の半分である (特に, P のとり方によらず一定である). よって示された. ◆

注意 上の解答中, Pascal の定理で 3 つの共線を示したあとは, 円 ω および直線 PA', PB', PC' は本質的に不要である (これらを消した図を描き直すと見やすくなる). また, 上の解答ではその後 BB_2 と CC_2 の平行を用いて, 少ないステップ数で三角形 $A_2B_2C_2$ の面積を求めているが, 辺の比を文字でおいたりして地道に計算してもさほど苦労しない.

✸ 複比と調和点列

射影幾何では射影変換というものを考え, その変換で不変な性質を調べます. 長さ, 角度, 面積といったものは, 不変ではない性質です. 一方, 前節で述べた「点と直線の交わり方」は不変な性質の 1 つです. そして, 以下で述べる「複比」も射影変換で不変な性質です (後述する「配景写像」は, 射影変換の一部です).

数学オリンピックの幾何で複比に関する知識がないと著しく不利になる問題は多分あまり出ていません. しかし, 知っておいて損はないと思います. なお, 以下の記号は一般的なものとは限らないことに注意してください.

[定義] (複比, 調和点列)

同一直線上にある 4 点 A_1, A_2, A_3, A_4 (少なくとも 3 点は異なるものとする) に対し, 値 $\dfrac{\overline{A_1A_3} \cdot \overline{A_2A_4}}{\overline{A_2A_3} \cdot \overline{A_1A_4}}$ を A_1, A_2, A_3, A_4 の複比といい, $[A_1, A_2, A_3, A_4]$ で表す. ただし, $\overline{XY}$ で線分 XY の符号つきの長さを表す.

$[A_1, A_2, A_3, A_4] = -1$ であるとき, A_1, A_2, A_3, A_4 を調和点列という.

次の性質が成り立ちます.

- $[A_1, A_2, A_3, A_4] = \dfrac{1}{[A_2, A_1, A_3, A_4]} = \dfrac{1}{[A_1, A_2, A_4, A_3]} = [A_2, A_1, A_4, A_3]$, および $[A_1, A_3, A_2, A_4] = 1 - [A_1, A_2, A_3, A_4]$ が成立する. これら二式より, 任意の $[A_i, A_j, A_k, A_l]$ ($\{i, j, k, l\} = \{1, 2, 3, 4\}$) を $[A_1, A_2, A_3, A_4]$ を用いて表せる.
- $[A_1, A_2, A_3, A_4] = 1 \iff A_1 = A_2$ または $A_3 = A_4$.

[定義] (配景写像)

　点 P と, P を通らない直線 l, m があるとき, l 上の任意の点 X に対して直線 XP と m の交点 Y を対応させる写像を, (P を中心とする直線 l から m への) 配景写像という.

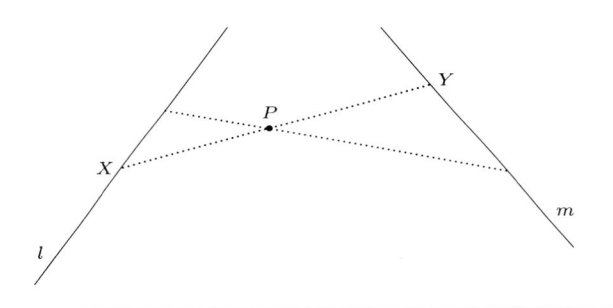

> **注意**　配景写像については, 射影平面上で考えるとよい (射影平面の考え方については前項も参照). たとえば, 上の状況において, 直線 l 上の点 A が $AP \parallel m$ をみたすとき, A に対応する m 上の点は「m 方向の無限遠点」である (なぜなら, AP と m がこの点で交わるため). このように, 射影平面上では, 配景写像は本当に写像 (しかも全単射) である.

> **注意**　さらに, 複比についても射影平面上で考えることができる. 同一直線上にある 4 点のうち 1 点が無限遠点である場合にも, 上述の複比の定義式で $\frac{\infty}{\infty} = 1$ とすることによって複比を定めることができる (たとえば A_4 が無限遠点である場合は $[A_1, A_2, A_3, A_4] = \frac{\overline{A_1 A_3}}{\overline{A_2 A_3}}$). このような場合に対しても, 前述の性質や後述の定理などが同様に成り立つ.

[定理] (配景写像は複比を保つ)

　配景写像で直線 l 上の 4 点 A_1, A_2, A_3, A_4 (少なくとも 3 点は異なるものとする) が直線 m 上の点 B_1, B_2, B_3, B_4 にそれぞれうつるとき, $[A_1, A_2, A_3, A_4] = [B_1, B_2, B_3, B_4]$ が成立する. 特に, 配景写像は調和点列を調和点列に移す.

例 図において，$[B,C,P,Q] = [D,E,R,Q] = [A,S,R,P]$ である．また，C, D, S が同一直線上にあるとき，B, C, P, Q は調和点列である．

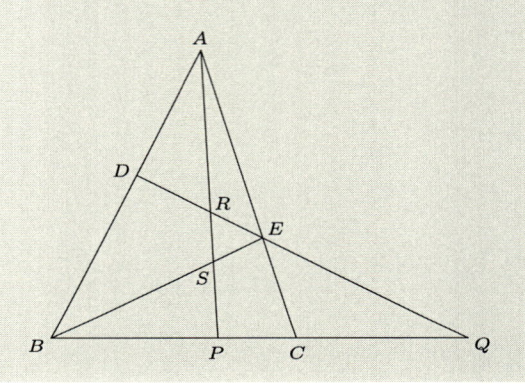

証明 点 A を中心とする直線 BQ から DQ への配景写像，点 B を中心とする直線 DQ から AP への配景写像を考えると，等式が得られる．

C, D, S が同一直線上にあるときは，さらに点 D についての直線 AP から BQ への配景写像を考えることにより $[A,S,R,P] = [B,C,Q,P]$ となる．よって $[B,C,P,Q] = [B,C,Q,P]$．一方 $[B,C,P,Q] = \dfrac{1}{[B,C,Q,P]}$ であり，また 4 点 B, C, Q, P はすべて異なるので複比は 1 ではない．よって $[B,C,P,Q] = -1$ である．◆

注意 上の例で C, D, S が同一直線上にあるときに B, C, P, Q が調和点列であることは，次のようにしても示される：Ceva の定理と Menelaus の定理を用いることによって $\dfrac{BP}{CP} = \dfrac{AE}{CE} \cdot \dfrac{BD}{AD} = \dfrac{BQ}{CQ}$ を得る．この式を変形することで $[B,C,P,Q] = -1$ であることがわかる．

例 同一直線上にある 4 点 A_1, A_2, A_3, A_4 とその直線上にない点 B があり，A_1, A_2, A_3, A_4 が調和点列でかつ $\angle(A_1BA_3) = \angle(A_3BA_2)$ のとき，$\angle A_3BA_4 = 90°$ となる．

証明 $A_1X : A_2X = A_1A_3 : A_2A_3$ をみたす点 X の軌跡は線分 A_3A_4 を直径とする円になる (Apollonius の円)．$\angle(A_1BA_3) = \angle(A_3BA_2)$ より $A_1B : A_2B = A_1A_3 : A_2A_3$ がわかり B はこの円上にあることがわかるので，

$\angle A_3BA_4 = 90°$ となる. ◆

例 円 O と円外の点 X があり, X から円 O に引いた 2 接線の O との接点を A, B とする. 線分 AB 上に点 R があり, 直線 XR と円 O の 2 交点を P, Q とするとき, X, R, P, Q は調和点列である.

証明 $XP : XQ = RP : RQ$ をいえばよい. 三角形 XBP と三角形 XQB の相似 (二角相等) によって $XP : XQ = \triangle XBP : \triangle XQB = BP^2 : BQ^2$, 同様にして $XP : XQ = AP^2 : AQ^2$ である. したがって $RP : RQ = \triangle APB : \triangle AQB = AP \cdot BP : AQ \cdot BQ = XP : XQ$ (二番目の等号は $\angle APB = 180° - \angle AQB$ より) となり, 示された. ◆

> [定理] (直線上の点での反転は複比を保つ)
> 直線 l 上に 4 点 A_1, A_2, A_3, A_4 がある (少なくとも 3 点は異なるものとする) とき, l 上の点 X を中心とした反転によって A_i がうつる先の点を B_i とすると, $[A_1, A_2, A_3, A_4] = [B_1, B_2, B_3, B_4]$ が成立する.

例 調和点列をその中の 1 点で反転すると, 等間隔に並ぶ 3 点と無限遠点に移る.

証明 上の定理の状況において A_1, A_2, A_3, A_4 が調和点列であるとする. たとえば $X = A_1$ としてみると, B_1 は無限遠点となるため $-1 = [A_1, A_2, A_3, A_4] = [B_1, B_2, B_3, B_4] = \dfrac{\overline{B_2B_4}}{\overline{B_2B_3}}$ となる. したがって 3 点 B_3, B_2, B_4 は, この順に等間隔に並ぶ. A_2, A_3, A_4 で反転した場合も同様である. ◆

✸ 4.3 よく出てくる構図 ✸

「よく出てくる図」という印象があるものを, いくつかまとめてみました. 一部そんなに出てこない図が混じっているかもしれませんが.

すぐに示せるものがほとんどです. 多くのものが, 答案内で説明なしで使うとぎりぎり危ないくらいの事実だと思うので, 実際に答案で用いるときはちゃんと説明も書きましょう.

(1) 角 A の二等分線と外接円との交点を M とすると, 点 B, 点 C, 内心 I, 傍心 I_A に対して $BM = CM = IM = I_A M$ が成り立つ.

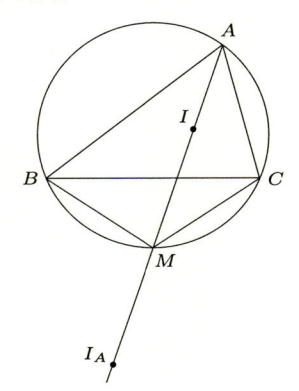

(2) 上の構図の傍心 I_B, 傍心 I_C 版.
$\triangle ABC$ の外接円と直線 $I_B I_C$ の交点のうち A でない方を M とおく. このとき $BM = CM = I_B M = I_C M$ が成り立つ.

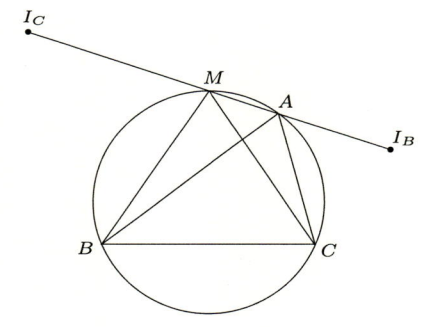

(3) 垂心 H や垂線の足 P, Q, R について:
- A は $\triangle BCH$ の垂心. 他の頂点についても同様.
- $\triangle ABC$, $\triangle AQR$, $\triangle BRP$, $\triangle CPQ$ は相似.
- $\triangle ABQ$, $\triangle ACR$, $\triangle HBR$, $\triangle HCQ$ は相似. 同様に $\triangle BCR$ や $\triangle CAP$ に相似な三角形も多数存在.
- A, H, Q, R や B, C, Q, R は共円.
- H を辺 AB, BC, CA で対称移動した点は ABC の外接円上にある.

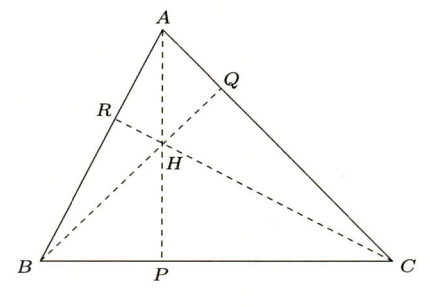

(4) 内心・傍心・垂心・外心まわりの角度は明確に求まる ($\angle A, \angle B, \angle C$ の 1 次式で表せる). しかし, 重心についてはうまく各所の角度は求まらない.

(5) 右の 2 つの図において, $\triangle ABP$ と $\triangle CDP$ が相似.

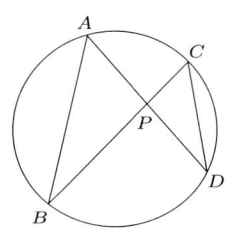

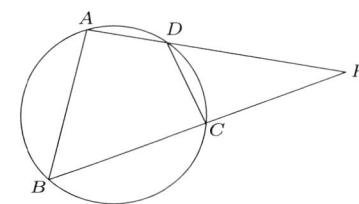

(6)
- $\triangle PAC$ と $\triangle PCB$ は相似. なので, $PA : PB = CA^2 : CB^2$.
- P を中心とし C を通る円は, A と B からの距離の比が $CA : CB$ の Apollonius の円. CP を直径とする円は, CA の中点と CB の中点からの距離の比が $CA : CB$ の Apollonius の円.

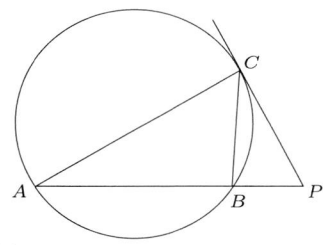

(7) 図で,

A での接線, C での接線, 直線 BD が 1 点で交わる

$\iff$ B での接線, D での接線, 直線 AC が 1 点で交わる

$\iff$ $AB \cdot CD = BC \cdot DA$.

また, 3 点 P, Q, R はつねに同一直線上にある.

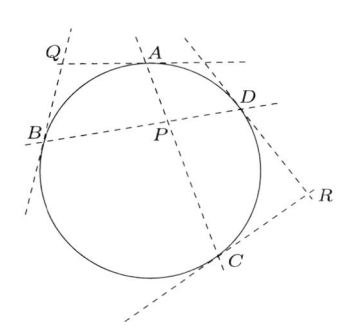

(8) △OAB と △OCD が (同じ向きに) 相似なら, △OAC と △OBD も (同じ向きに) 相似.

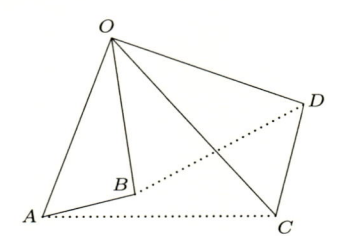

(9) 上の応用で, たとえば次が示せる：
三角形 ABC 内の点 P に対し, $AB:AC = PB:PC \iff \angle APB - \angle ACB = \angle APC - \angle ABC$.
(P が三角形の外部にあるときでも, 角度の向きなどを適切に考えて解釈すれば同様の結果が成り立つ.)

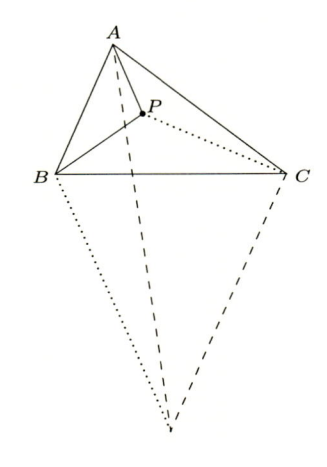

(10) 円が絡む状況の例.
図において, △ABP と △AQC, △ACP と △AQB は相似.

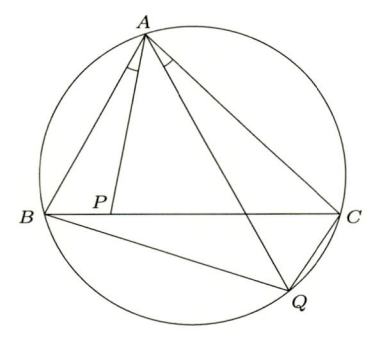

4.4 思考過程

やはり実際の思考過程を見せるのがよいのではないかな，という天の声が聞こえたため，このセクションでは問題とともに執筆者が解いてみた際の思考過程を載せようと思います．

【2006 春合宿 問題 4】
　平行四辺形 $ABCD$ がある．A を通る直線 g が，半直線 BC, DC とそれぞれ X, Y で交わっている．K を三角形 ABX の角 A 内の傍心，L を三角形 ADY の角 A 内の傍心とするとき，$\angle KCL$ の大きさは g のとり方によらず一定であることを示せ．
$\rightarrow$ p. 79

- (図を描こうとして)「傍心」を図の中にどう描いておくのがいいだろう，傍接円を描き込むと扱いづらそうだ．やっぱり角の 2 等分線の交点か．
- 点 X は g に依存して動くからわかりづらいな．角 BAX の 2 等分線と角 XBA の外角の 2 等分線の交点として描いておこう．Y の方も同じように．
- 角 XBA の外角の 2 等分線と角 YDA の外角の 2 等分線は平行な定直線だし，$\angle KAL$ は $\angle BAD$ の半分だから一定だ．いい感じ？
- もう g, X, Y いらないよね．(g, X, Y を消した図を描く)
- $\angle KCL = \dfrac{1}{2}(2\pi - \angle BCD)$ を示したい．$\angle KAL + \angle KCL = \pi$ をいえば OK だ．
- 角度の和が π っていいたいのだから，円に内接する四角形の使用を考えるか．KL について C と反対側に C' をうまくとって $AKC'L$ の共円をいう方針でやってみよう．
- C' は $CKC'L$ が平行四辺形になるようにとると扱いやすそう．(C' と BK の距離) = (C と DL の距離) = (A と BK の距離) だから，AC' が BK に平行になるな．
- $\angle KLC' = \angle KAC'$ をいえば OK．$\angle KAC' = \angle AKB$，$\angle KLC' = \angle LKC$ だから $\angle AKB = \angle LKC$ をいえばいい．
- そう思って図を見ると $\triangle AKB$ と $\triangle LKC$ が相似に見える．これを示せばいいのか．それには AKL と BKC の相似をいっても OK．
- ん？というか，もし AKB と LKC が相似だってんなら LKC と LAD も相似だろ．てことは LAD と AKB って相似なの？ → 2 角相等ですぐに相似がわかった．

- あわよくば LDC と CBK が相似なら $\angle DCL + \angle BCK$ がわかってうれしい？よしこの相似を示そう．
- $AD:DL=KB:BA$ より，$BC:DL=KB:CD$．お！ $CD:DL=KB:BC$ だ！ あとは辺の間の角度か何かが等しいことをいえば…あれ？ 等しいっすね．
- あとはこの相似な三角形を使って $\angle LCK$ の計算をして終了．

結局中盤に解答には不必要なステップ（C' を持ち出したあたり）が紛れ込んでしまいましたね．

早期に g, X, Y を消した図を描くことができ，その後の議論がしやすくなりました．図形を減らすことで議論がしやすくなることは多いです．

【2008 春合宿 問題 7】
辺 BC と AD が平行な台形 $ABCD$ があり，対角線が P で交わっている．直線 BC と直線 AD の間に点 Q があり，$\angle AQD = \angle CQB$ をみたす．また，P と Q は直線 CD について違う側にある．このとき，$\angle BQP = \angle DAQ$ を示せ．

- さすがにまず図を描いた．今回は図を描きながら思ったことはないです．
- $\angle DAQ$ が平行線でどこかに移せるかな？ あんまうまくいかなそう？
- $\angle AQD = \angle CQB$ の条件をどう使おうか．円周角に持ち込めるだろうか．
- $\triangle ADQ$ をひっくり返して（A, D をそれぞれ C, B にくっつけるように）辺 BC 上につけてみると，円周角の定理が使える形になった（ひっくり返した三角形を $\triangle CBQ'$ とすると，B, C, Q, Q' が共円がいえる）．
- $\angle DAQ$ はどこへうつった？ → $\angle Q'CB$ にうつっている．上の共円からわかるのは $\angle Q'CB = \angle Q'QB$．
- あとは Q', P, Q が共線をいえば OK ！ → $\triangle ADQ$ と $\triangle CBQ'$ の相似の中心が P であることからいえた．

等しい角度があったら，円周角の定理が使いやすいように移動してみるのも 1 つの手です．初期状態で円がない場合でも，上のように「等しい角度→共円→等しい角度」という議論で新たな等しい角度の組をつくりだす形でも円周角の定理は用いられます．

Column　IMO 日本代表選手の感想

　成田を出発するまでは割と問題を解いていましたが，アメリカに着いてからは2, 3問しか解いてなく本番はとても不安でした．試験場は本当に大きな体育館でNBAの試合場といった感じでした．馬鹿でかいブザーで試験開始．1日目の方は1.が30分で解け，2.は微分の計算を何回も間違え2時間かかり3.は不等式的評価が足りず涙をのんで2完ちょっとだと思っていた．2日目の方は4.が15分ほどで解け，5.は角Bが80以上のときの証明ができず6.に移って解けたと思い，その答案を書いて暫くして終わった．実際には計算ミスがあったりしたが優秀なコーディネータのおかげもあって，運良く金メダルを取れたのでした！　我々 Contestants は George Mason University の寮に泊まったが，他の建物がすべてオートロックだったり，僕にあまり積極性がなかったりで，十二分に満足するだけの交流ができなかった．それでも Korea Team や Malaysia Team とは最終的に結構仲良くなれたし，最終日には Singapore の Zachary 君，またリヒテンシュタイン，オーストリアの選手，近藤さんとサッカーをしたりして，間違い無く日常では不可能なレベルの国際交流ができた．来年からは English という武器を持ってズバズバと切り込んでいきたい．最後に財団の方々，引率の先生方，会議をがんばっていただいた伊藤さん，高橋さんガイドの田村さんありがとうございました．表彰式を兼ねた閉会式には大数学者のワイルズ，グラハム，ウイッテンなどが来ていて，特にワイルズには金メダルを首にかけてもらい，握手までしてもらった．

【尾高悠志 (2001 IMO アメリカ大会金メダル，2002 IMO 英国大会銀メダル，2003 IMO 日本大会銀メダル) 筑波大学附属駒場高等学校1年，2001 IMO アメリカ大会日本代表時の感想】

5 幾何 —計算による解法—

　初等幾何的解法が，ある種巧妙な補助線を発見しなければ解けないことがあるのに対し，「ほぼいつでも一定のやり方で解ける」というのが計算による解法です．問題の状況に応じていくつかの量を文字でおき，あとは機械的に問題文の状況，証明すべき主張を代数的な式変形により結びつければよいのです．

　このような解法の利点としては
- 補助線の発見などの「ひらめき」を必要としない．
- 点の位置関係による図の場合分けが不要なことが多い．

などが挙げられるでしょう．

　初等幾何が苦手でも，計算による解法をある程度身につければ，IMO 中難度以下の問題ならほとんどは計算で解けるようになると思います (残念ながら，難問になると安易な方法では「試験中に正確に計算しきることは難しい」ということもあります)．

　「ほとんどどんな問題でも手詰まりにはなりにくい」というと一見万能な手法にも思えますが，実際に最後まで計算しきるにはかなりの根気と計算力が要求されることが多いです (分量的にも，計算用紙や解答用紙 5 枚以上を計算に費やして解いた実例も多くあります)．また，同じ問題でも少し計算の手順を変えるだけで計算の複雑さが変わってくることもありますし，計算の方法はほぼ解ききっていないと点数がもらえないことが多いため，少しでもうまく文字をおいたり計算を手際よく行うテクニックが必要です．本章では，このような考え方もある程度解説したいと思います．

　なおこの教材では「初等幾何」「計算」の 2 つに分けて幾何の問題を論じていますが，これらは必ずしも相容れないものではありません．初等幾何的解法の途中である点の位置の計算するために一時的に座標をおくというような手も有効です．また，座標計算をする場合でも，最初にある程度条件を幾何的に整理したり，示したいことをわかりやすく書き直しておくことで計算が圧倒的に楽になる場合もあります．「自分は初等幾何派」「自分は計算派」などという風に割りきりすぎずに，いろんな手段を選べるようになるのが一番よいでしょう．

　計算の方法としては，

- 座標をおく：直交座標, 斜交座標, 複素座標.
- ベクトルを使う.
- 辺の長さや角度から, 三角関数を使って計算する.

などがあります.

5.1 基本的な考え方

この節では, 最も広く「計算の道具」として認識されているであろう「直交座標による計算」を中心に解説していきます. 他の手法の場合でも根本的な考え方は同じです.

計算をはじめる前に

数学オリンピックの幾何の問題を (ほぼ幾何的な考察なしに) 座標で解くときには, 次の作業があります.

(1) 原点や軸の位置, 文字のおき方を決める.
(2) 計算の手順を決める.
(3) 計算の手間をある程度見積もる.
(4) 計算を実行する.

(1) と (2) は, 必ずしもどちらが先にくるというものではなく,「何を文字において (既知として) 何を求めるのが簡単か」ということを慎重に見極める必要があります. その上で (3) にうつります.

- 2 次以上の方程式を解かなくてはいけない場面はあるか.
- 分子・分母が何次くらいの有理式になりそうか.
- 複雑そうな式を代入するステップがいくつあるか.

などを考えるようにするとよいでしょう.

どういう計算が大変かの見積もりには, 次のような考え方がわかりやすいのではと思います.

- 「複雑な式同士の交点」などをとるとさらに複雑になります.「この円は『複雑さ 1』でこの点は『複雑さ 2』」などと考えていくとよいでしょう.
- 「複雑な点を複雑な式に代入する」というのはなるべく減らしましょう.
- 特に, 証明の終盤には「代入されるもの」は複雑になる場合が多いので,「証明の最後に代入する式」はなるべく簡単になるようにしておくのがよいでしょう. たとえば証明の最後の段階が「『複雑さ 3』の点を『複雑さ 2』の円に代入する」などとなりそうなら別の方法を考えた方がよいでしょう.

これら「解き始める前の作業」は軽視してしまいがちですが，恐らく幾何における「計算力」で最も差のつく部分でもありとても重要です．(1), (2), (3) のステップは，ある程度「計算できそう」と思えるまで何度も何度も試行錯誤した方がよいでしょう．

✺ 文字のおき方

文字をおくときには，なるべく計算が楽になるようにする，文字の間の対称性の利用ができるようにする（したがって計算のステップ数が減る）というのを主に考えるとよいでしょう．

> **例** 簡単な例ですが，三角形 ABC の 3 つの垂線が 1 点で交わることを，(初等幾何的な事柄をまったく知らない人が) 座標計算で証明するとしましょう．そのときどう座標をおくかを考えてみます．考えられそうな例をいくつか挙げて比較・検討してみましょう．
>
> **座標 (1)**　　$A(0, a)$, $B(-b, 0)$, $C(c, 0)$.
> **座標 (2)**　　$A(a, b)$, $B(-c, 0)$, $C(c, 0)$.
> **座標 (3)**　　$A(0, a)$, $B(b, 0)$, $C(c, 0)$.
> **座標 (4)**　　$A(0, 1)$, $B(b, 0)$, $C(c, 0)$.
> **座標 (5)**　　$A(0, 0)$, $B(1, 0)$, $C(a, b)$.
> **座標 (6)**　　$A(0, 0)$, $B(a, b)$, $C(c, d)$.
>
> 各頂点からおろした垂線を l_A, l_B, l_C と書くことにします．証明の方針は，2 垂線の交点を計算し，第 3 の垂線上にあることを示すというものが一番単純でしょう．(1) から (4) では，l_A の方程式が最も計算しやすくなっています．幾何の計算では，後にいくほど計算が大変なことが多いので，証明の最後のステップはなるべく簡単にしておいた方がよく，この場合は
>
> ● l_B と l_C の方程式を計算する．
> ● l_B と l_C の交点を求め，l_A 上にあることを確かめる．
>
> という順序になるでしょう．
>
> さて，この方法で (1) から (4) を比べたとき，(1), (2) は (3), (4) に比べてはっきり劣るといえると思います．具体的に (3), (4) の利点を説明しましょう．
>
> (3), (4) では，l_B と l_C の方程式は，「b と c を入れ替えただけ」になるはずです．したがって l_B と l_C の方程式のうち一方を計算すれば，もう一方は b と c を入れ替えるだけで自動的に求まることになります．また，l_B と l_C の交点の座標も b と c について対称になるはずで，全体的に計算過程も見やすくなることが予想さ

れます.

このような対称性が (1), (2) ではありません. もちろん (1) では「b と $-c$ について対称」ですし, (2) でも片方の直線の方程式をうまく変換すればもう片方の直線の方程式が求まりますが, 対称性が (3), (4) に比べて使いにくいことは確かでしょう.

(3) と (4) はほぼ同じで, 一概にどちらがよいともいえないと思います. これらを比べたとき, (3) の利点としては「出てくる式が必ず a, b, c の斉次式 (どの項の次数も等しい式) になる」ということが挙げられます. つねに「次数の検算」をしながら進めますし, 式も特に複雑になるわけではありません. (4) は逆に「出てくる文字が少ない」ことが利点となるでしょう. このような座標のおき方の違いは「こちらがよい」といえるものではないですし, 好みや状況に応じて使い分ければいいと思います.

最後に (5) と (6) を比べてみましょう. これらは, 1 点を原点として座標をおいた場合です. (5) の方が文字は少ないのですが, 個人的には (6) の座標の方が使いやすく思います. これも理由はやはり「文字の対称性」が使いやすいことです. 具体的には, (6) においては l_B の方程式を求めれば, a と c, b と d を入れ替えれば l_C の方程式になります. それだけでなく x 座標と y 座標を入れ替えるという対称性も利用できて, l_B と l_C の交点の x 座標を求めると, a と b, c と d を入れ替えればその y 座標になります. このようにあえて余分に文字をおくことで計算のステップ数を減らせる場合があることは覚えておくとよいでしょう.

5.2 直交座標

この節では直交座標による解法を具体的な問題を通して解説します. その前に, いくつか知っておくと役に立ちそうな考え方を紹介しておきます.

直線の方程式

たとえば「$(0,0)$ と (a,b) を結ぶ直線の方程式を求める」という状況で, 答として $y = \dfrac{b}{a}x$ が思い浮かぶという人は多いでしょうが, $a = 0$ の場合も含めるとこれは誤りです (文字で書かれていると 0 の可能性などを忘れてしまいやすくなります). $a = 0$ の場合だけ別に議論するという方法も考えられますが, それよりもすべての直線を場

合分けなく扱える,直線の方程式の一般形 ($ax+by=c$ という形の表示) を使うことをお勧めします.

2点を通る直線や垂直二等分線を表示したり,ある点がある直線上にあることを確かめる場合などにも,式が複雑になると一般形の方が見やすいという気がします.垂直・平行の関係も見やすく,また x 座標と y 座標を対等に扱えるなどの利点もあり,使えると結構便利です.

✹ 2直線の交点の求め方

要するに連立1次方程式を解けばいいのですが,係数が複雑になることもあるので,なるべく頭を使わず機械的に計算したいところです.そこで次の公式を挙げておきます (以下本書でも積極的に使用していきます).

[定理] (Cramer の公式)

連立1次方程式 $\begin{cases} ax+by=e \\ cx+dy=f \end{cases}$ の解は,(解が一意に存在するときには)

$$x = \frac{\begin{vmatrix} e & b \\ f & d \end{vmatrix}}{\begin{vmatrix} a & b \\ c & d \end{vmatrix}}, \qquad y = \frac{\begin{vmatrix} a & e \\ c & f \end{vmatrix}}{\begin{vmatrix} a & b \\ c & d \end{vmatrix}}$$

で与えられる.ただし $\begin{vmatrix} a & b \\ c & d \end{vmatrix}$ は行列式の記号で,$ad-bc$ に等しい.

なお上記定理において,解が一意に存在することは $\begin{vmatrix} a & b \\ c & d \end{vmatrix} \neq 0$ と同値です.幾何の問題で2直線の交点を求める場合,たいていは問題の状況設定から解が一意に存在することが自明です.そのようなときは $\begin{vmatrix} a & b \\ c & d \end{vmatrix} \neq 0$ を示す必要はありません.

✺ 三角形の五心

三角形の五心のうちのいくつかが登場する幾何の問題は少なくありません．そこでこれらの座標が簡単になるような直交座標のおき方を考えましょう．たいていの問題では五心以外にも計算すべき量があるので，「いつもこの座標を使えばよい」というものはありません．状況に応じて自分でよい座標のおき方を考えて欲しいですが，いくつかの考え方を紹介するので参考にしてください．

以下三角形 ABC の重心を G，外心を O，垂心を H，内心を I，傍心を I_A, I_B, I_C と書くことにします (傍心はそれぞれ直線 BC, CA, AB に辺上で接する円に関するもの)．

まず，G, O, H について考えます．どう座標をおいても，これらの座標は有理式で求まります．たとえば $A(0, a), B(b, 0), C(c, 0)$ や $A(0, 0), B(a, b), C(c, d)$ などのおき方は汎用性が高そうです．

また O と H が同時に現れる場合には，次の定理より，O を原点にとると座標が簡単になりやすいです．

[定理] (Euler 線)
$\overrightarrow{OA} = \vec{a}, \overrightarrow{OB} = \vec{b}, \overrightarrow{OC} = \vec{c}$ とするとき，
$$\overrightarrow{OG} = \frac{\vec{a} + \vec{b} + \vec{c}}{3}, \qquad \overrightarrow{OH} = \vec{a} + \vec{b} + \vec{c}$$
が成り立つ．特に $\overrightarrow{OH} = 3\overrightarrow{OG}$ が成り立つ．

たとえば $O(0,0), A(1,0), B(a,b), C(c,d)$ などとおいて，必要に応じて $a^2 + b^2 = c^2 + d^2 = 1$ を使うという方法が考えられるでしょう (余分な文字をおいていますが，$B(\cos b, \sin b), C(\cos c, \sin c)$ などとするよりも，難しい問題では計算過程が見やすいと思います)．

さて，G, O, H がどう座標をとっても座標の有理式で書ける一方，I, I_A, I_B, I_C の座標は有理式にならないこともあります．たとえば $A(0, a), B(b, 0), C(c, 0)$ とおいた場合は，$p = |b - c|, q = \sqrt{a^2 + c^2}, r = \sqrt{a^2 + b^2}$ とおくと，I の座標は $\left(\dfrac{qb + rc}{p + q + r}, \dfrac{pa}{p + q + r} \right)$ となります．これは次の定理から計算できます．

[定理]

$A(\vec{a})$, $B(\vec{b})$, $C(\vec{c})$ とする．また，$BC = a$, $CA = b$, $AB = c$ とおく．このとき，I の位置ベクトルは
$$\frac{a\vec{a} + b\vec{b} + c\vec{c}}{a + b + c}$$
で表される．また I_A, I_B, I_C の位置ベクトルは
$$\frac{-a\vec{a} + b\vec{b} + c\vec{c}}{-a + b + c}, \quad \frac{a\vec{a} - b\vec{b} + c\vec{c}}{a - b + c}, \quad \frac{a\vec{a} + b\vec{b} - c\vec{c}}{a + b - c}$$
で表される．

他にルートが出てこない座標のおき方として，r を内接円の半径として $I(0,r)$, $B(b,0)$, $C(c,0)$ とおくというものがあります．このとき直線 AB, AC の方程式や A の座標が b, c, r の有理式として計算できます．実際 $\tan$ の倍角公式などを用いると，

$$AB: 2br(x - b) + (b^2 - r^2)y = 0,$$
$$AC: 2cr(x - c) + (c^2 - r^2)y = 0, \quad A\left(\frac{(b+c)r^2}{r^2 + bc}, \frac{2bcr}{r^2 + bc}\right)$$

となることがわかります．各頂点と内心の座標だけでなく，内接円の半径や方程式も簡単になるので，内接円をよく使う問題では便利だと思います．

なお，内心について説明した座標設定とまったく同じ座標設定が傍心についてもできます．つまり I_A や I_B の座標を $(0, r)$, $B(b, 0)$, $C(c, 0)$ とおくと，直線 AB, AC の方程式や A の座標はやはり

$$AB: 2br(x - b) + (b^2 - r^2)y = 0,$$
$$AC: 2cr(x - c) + (c^2 - r^2)y = 0, \quad A\left(\frac{(b+c)r^2}{r^2 + bc}, \frac{2bcr}{r^2 + bc}\right)$$

となることがわかります[*1]．

ちなみに経験上，次のような座標設定は利点が少ないと思います：

I を三角形 ABC の内心または傍心とする．I から各辺におろした垂線の足を D, E, F とするとき，$I(0, 0)$, $D(\cos\theta_1, \sin\theta_1)$, $E(\cos\theta_2, \sin\theta_2)$,

---

[*1] 内心と傍心は，円や直線の方程式についてまったく同じように振舞います．唯一の違いは各辺のどちら側にあるのか，つまり「不等式・符号」と関係しています．そのため内心について成り立つほとんどの結果は傍心についても成り立ちます．今回の場合は b, c の大小関係，b, c と $r^2 + bc$ の符号などを指定することで I, I_A, I_B, I_C のどれになるかが確定します．

$F(\cos\theta_3, \sin\theta_3)$.

問 題 例

【2007 IMO 問題 2】
平面上に 5 点 A, B, C, D, E があり，$ABCD$ は平行四辺形，$BCED$ は円に内接する四角形であるとする．点 A を通る直線 l は，線分 DC と端点以外の点 F で，直線 BC と点 G で交わるとする．$EF = EG = EC$ が成り立つとき，l は角 DAB の二等分線であることを証明せよ．

角度についての主張ですが，座標計算で解くのであれば，$AB = BG$ を示すのが最も簡単でしょう．A, B, C, D, G の座標を文字でおき，三角形 DBC の外接円および三角形 FCG の外心 E を計算し，さらに E が三角形 DBC の外接円上にあるという式を整理して $AB = BG$ を導くという方針です．

計算で大変そうなのは，外心や外接円の計算です．これらがなるべく簡単な式になりそう，あるいは手間が少なく計算できそうな座標のおき方を考えるのがポイントになります．

以下の解答では，2 つの外心「三角形 DBC の外心」と「三角形 FCG の外心」の座標が簡単な文字の置き換えでうつりあうように座標をとりました．対称性を利用して計算のステップ数を減らしていることに注目してみてください．

解答 次のように座標をおく：
$$C(0,0), \quad D(a,b) \quad B(c,0), \quad G(d,0).$$
$A(a+c,b)$ であり，$k = \dfrac{d}{d-c}$ とおけば，$F(ka, kb)$ となることは簡単に計算できる[*2)]．

ここでのポイントは，「三角形 DBC の外心の座標が求まれば，その座標の式で d を c に，a と b を ka と kb に置き換えれば三角形 FCG の外心の座標が求まる」ということである．まず三角形 DBC の外心を計算すると $\left(\dfrac{c}{2}, \dfrac{a^2+b^2-ac}{2b}\right)$ となる．この式で d を c に，a と b を ka と kb に置き換えることで，三角形 FCG の外心 E が $\left(\dfrac{d}{2}, \dfrac{k(a^2+b^2)-ad}{2b}\right)$ であることがわかる．三角形 DBC の外接円の方程式は
$$x(x-c) + y\left(y - \frac{a^2+b^2-ac}{b}\right) = 0$$

[*2)] あえて k という余分な文字をおいていますが，こういうのも計算を見やすくしたりミスを減らす工夫になると思います．

と書けるので[*3]，E がこの円上にあることから
$$\frac{d}{2}\left(\frac{d}{2}-c\right)+\left(\frac{k(a^2+b^2)-ad}{2b}\right)\left(\frac{k(a^2+b^2)-ad}{2b}-\frac{a^2+b^2-ac}{b}\right)=0.$$
がわかる．あとはこの式を整理して，$a^2+b^2=(c-d)^2$ を導く．$X=a^2+b^2$，$Y=(c-d)^2$ とおく[*4]．まず分母をはらうと
$$b^2d(d-2c)+(kX-ad)((k-2)X+2ac-ad)=0$$
となる．さらに $k=\dfrac{d}{d-c}$ を代入すると
$$b^2d(d-2c)+\left(\frac{d}{d-c}X-ad\right)\left(\frac{-d+2c}{d-c}X+2ac-ad\right)=0$$
となるが，この左辺は
$$d(d-2c)\cdot\left(b^2-\left(\frac{1}{d-c}X-a\right)\left(\frac{1}{d-c}X+a\right)\right)=0$$
と変形でき，B, C, D の位置関係から $d\neq 0, d-2c\neq 0$ なので
$$b^2-\left(\frac{1}{d-c}X-a\right)\left(\frac{1}{d-c}X+a\right)=0$$
が得られる．この式は $b^2-\dfrac{1}{(d-c)^2}X^2+a^2=0$ と変形でき，したがって $X-\dfrac{X^2}{Y}=0$ となるので，結論の式 $X=Y$ が得られる．◆

✸ 幾何の問題と検算

幾何の問題を最初から最後まで座標などの計算で解ききると，たいていの場合計算はなかなか複雑なためミスもしやすいです．特に最後のステップの 1 つ手前などで間違っていると，計算が複雑な割に，式を整理しても整理しても計算が合わず，かなりの時間のロスをします．また計算による解法は，ほぼ解ききっていないと，部分点がほとんど貰えない傾向もあります．

そのため，こまめに検算しながら解ければそれが一番確実です．複雑な式の展開などでは p. 12 で述べたような検算が考えられますが，他に幾何特有の検算として，

- 1 つ具体的な図で計算しておく．

という方法がなかなか有効です．先ほど問題例として取り上げた 2007 IMO 問題 2 (→ p. 103) で説明します．問題の状況が成り立つような簡単な図を 1 つ描いておきます:

[*3] 原点を通るようにしておいたので少し簡単な形です．
[*4] 漫然と式変形をするのではなく，結論の式をしっかり意識することが大切です．このように調べたい式を新しい文字でおくことで，式変形の方向性が見やすくなると思います．

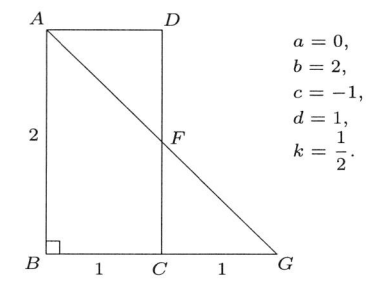

$$a = 0,\quad b = 2,\quad c = -1,\quad d = 1,\quad k = \frac{1}{2}.$$

$$BCD \text{ の外接円}: x^2 + x + y^2 - 2y = 0.$$

$$FCG \text{ の外心}: \left(\frac{1}{2}, \frac{1}{2}\right).$$

これは証明過程で出てくるものが具体的に計算しやすい図を 1 つ描けばよいです.あとは, 方程式や交点を計算するたびに, この具体的な図の場合と矛盾していないかどうかを確かめるだけでそれなりの検算になります. 特に「あとはこの式を整理すればよい」というような段階では, 具体的な図の場合の変数を代入してみてうまくいっているかどうかを確かめるのは割と有効な検算だと思います.

✼ 練習問題：直交座標

幾何の計算で実力をつけるには, 何よりも多くの問題を経験することが一番です (もちろん, 幾何に限らず数学オリンピック全般でいえることですが). 複雑な式が徐々に整理されていって見事に主張が証明できたという経験や, あるいは複雑になりすぎて手に負えなくなったり, どうしても計算が合わなくて困ったりという経験を積み重ねていくことで, 必要な計算量の見積もりや, 自分なりに間違えにくい計算方法, 計算が合わないときの対応, わかりやすい計算用紙や解答用紙の使い方, 計算しきるのが難しそうな場合の見切りをつけるタイミング (笑) などの判断を冷静に自信をもってできるようになっていくはずです.

以下では近年の JMO や IMO の問題から, 直交座標の計算の練習に使えそうな問題をピックアップしてみました. 特に初等幾何的に解く自信がない人は, 是非自力で計算による解法を検証してみてください. 慣れないうちは数時間かかったりするかもしれませんが, 必ず解けるはずなので頑張ってください.

計算自体の練習だけではなく, 自分で座標をおく部分も練習してほしいので, 自力で解ききるまでは, なるべく解答を見ずに挑戦してみてください. 自力で解いた上で筆者の解答と比べてみると面白いかもしれません.

【2010 JMO 本選 問題 1】

$AB \neq AC$ なる鋭角三角形 ABC があり，A から BC におろした垂線の足を H とおく．点 P, Q を，3 点 A, B, P と 3 点 A, C, Q がともにこの順に一直線上に並ぶようにとると，4 点 B, C, P, Q は同一円周上にあり，$HP = HQ$ が成り立った．このとき H は三角形 APQ の外心であることを示せ． 解答 → p. 123

【2001 JMO 本選 問題 5】

平面上に三角形 ABC と三角形 PQR があり，以下の 2 つの条件 (1), (2) をみたしている．
(1) 点 A は線分 QR の中点であり，点 P は線分 BC の中点である．
(2) 直線 QR は $\angle BAC$ の二等分線であり，直線 BC は $\angle QPR$ の二等分線である．

このとき，$AB + AC = PQ + PR$ となることを示せ． 解答 → p. 124

【2000 IMO 問題 1】

2 つの円 Γ_1, Γ_2 があり，2 点 M, N で交わっている．直線 ℓ は Γ_1 と Γ_2 の共通接線であり，点 M は点 N より直線 ℓ に近い側にある．直線 ℓ は Γ_1 と点 A で接し，Γ_2 と点 B で接する．点 M を通り ℓ に平行な直線と Γ_1 との交点を C，Γ_2 との交点を D とする．ただし C, D は M と異なる点である．

直線 CA と DB の交点を E，直線 AN と CD の交点を P，直線 BN と CD の交点を Q とする．$EP = EQ$ を示せ． 解答 → p. 126

5.3 三角関数

本節では辺の長さや角度の関係を調べる（主に正弦・余弦定理など三角関数を使う）解法について説明します．道具としては正弦・余弦定理と簡単な角度計算くらいしか使いません．

複雑な計算が出てくる場合には次のことを頭に入れておくと役に立つかもしれません．

✸ 記号の使い方

答案で sin や cos などの関数が出てくる場合など, 自分で使いやすい記号を定義した方が記号がすっきりとして見やすい答案が書ける場合があると思います[*5)]. たとえば以下で扱う問題例では

$$s(x) = \sin(x°), \qquad c(x) = \cos(x°)$$

という記号を定義して使っています. これは一般的な記法ではないですが, 答案で自分できちんと定義した上で使う分にはもちろん問題ありません. 上の記号では, 角度の単位まで定義に含めているので, たとえば $\sin 10°$ のことを単に $s(10)$ と書くことができます. 断りなしに $\sin 10$ などと単位なしに書くのは普通は誤りなので, 度数法で考えた角度をたくさん書く場合などにも記述が楽になるのではないでしょうか. 場合によっては単に $s(x) = \sin(x)$, $c(x) = \cos(x)$ と定義した方が楽ということもありえるかもしれません.

✸ 和積の公式と積和の公式

複雑な場面であるほど,「機械的に, ミスしにくい方法で」計算していく方法が欲しいところです. そういった観点からは, sin, cos のいろいろな組み合わせで和積や積和の公式を使うのは余計な神経を使うことになる印象があります. 個人的には「和積・積和の公式はすべて cos に対して使う！」のが公式の形も単純で, 覚えやすく間違えにくいと思います：

$$\cos\alpha\cos\beta = \frac{1}{2}\bigl(\cos(\alpha+\beta) + \cos(\alpha-\beta)\bigr),$$
$$\cos\alpha + \cos\beta = 2\cos\left(\frac{\alpha+\beta}{2}\right)\cos\left(\frac{\alpha-\beta}{2}\right).$$

具体的な適用例は, 次に扱う問題例を参考にしてください.

[*5)] 答案を見やすくすることは, 計算ミスを減らすことにもつながります.

✹ 問題例

【2001 IMO 問題5】

三角形 ABC において,P を BC 上の点で AP が $\angle BAC$ の二等分線であるものとし,Q を CA 上の点で BQ が $\angle ABC$ の二等分線であるものとする.

これらが $\angle BAC = 60°$,$AB + BP = AQ + QB$ をみたすとする.

このとき,この三角形の3つの角度としては,どのような角度があり得るか.

方程式を立てるまでは一本道です.$\angle BAC = 60°$ というのが与えられているのでどこか1つの角度を文字でおけば三角形が確定し,辺の長さの関係式からわかる方程式を解けば OK です.角度問題の和積・積和の公式を繰り返す式変形は,目標をもって変形しないと同じような式の行ったり来たりになる可能性もあるので丁寧に説明してみることにします.

角度の単位や sin, cos がたくさん出てきてうっとうしいので,
$$s(x) = \sin(x°), \quad c(x) = \cos(x°)$$
という記法を使うことにします.

解答 $AB = 1$,$\angle ABQ = x°$ とおけば正弦定理より
$$1 + \frac{s(30)}{s(2x+30)} = \frac{s(x)}{s(x+60)} + \frac{s(60)}{s(x+60)}$$
となる.この方程式を解けばよいので和積・積和の公式を使ってうまく式変形をする.通分・展開し,$s(30) = \frac{1}{2}$ と書きなおしたあと,全部 $c(x)$ の方に書きなおすと
$$2c(-2x+60)c(-x+30) + c(-x+30) = 2c(-2x+60)c(-x+90) + 2c(-2x+60)c(30)$$
となり,さらに積和の公式を使って
$$c(-3x+90) + 2c(-x+30) = c(-3x+150) + c(-x-30) + c(-2x+90) + c(-2x+30)$$
と変形できる (cos になおした理由は「和積の公式と積和の公式」のところで述べた通り).移項して $-c(x) = c(x+180)$ や $c(-x) = c(x)$ などを使うと,さらに
$$c(3x-150) + c(3x+90) + c(2x-90) + c(2x-30) + c(x+30) + 2c(x+150) = 0$$
と変形できる.

ここで答 x を予想する.図を描いて読み取ってもよいし,5° の倍数などを順番に代入して概算してもよい.すると「$x = 40, 60$ ならば成り立っている」ということが発見できるだろう.これを式変形のヒントにする.たとえば「$x = 40$ のときに等号が成

り立つこと」は,
$$c(3x-150)+c(3x+90)=0, \quad c(2x-90)+c(x+150)=0,$$
$$c(x+30)+c(2x-30)+c(x+150)=0$$
からわかることに注目して, これらの組み合わせに対して和積を使い,「$x=40$ で 0 になる因数」をつくる. 簡単のため $y=\dfrac{1}{2}x$ とおく. 和積を使うと
$$c(6y-150)+c(6y+90)=2c(6y-30)c(120)=-c(6y-30)$$
$$=c(6y+150),$$
$$c(4y-90)+c(2y+150)=2c(3y+30)c(y-120),$$
$$c(2y+30)+c(4y-30)+c(2y+150)=2c(2y+90)c(60)+c(4y-30)$$
$$=c(2y+90)+c(4y-30)$$
$$=2c(3y+30)c(y-60)$$
となり, $y=20$ で 0 になる項をまとめるために
$$c(6y+150)=c(6y+150)+c(90)=2c(3y+120)c(3y+30)$$
と書き換える (sin の倍角公式に対応する変形になる) ことで, 方程式は
$$c(3y+30)\bigl(c(3y+120)+c(y-120)+c(y-60)\bigr)=0$$
となり, この共通因数をくくりだすことに成功した.

残りの部分 $c(3y+120)+c(y-120)+c(y-60)$ を処理しよう. $y=30$ が方程式の解であったことに注目し, $c(y-60)+c(3y+120)$ に和積を使うと, 残りの部分は
$$2c(2y+30)c(y+90)+c(y-120)=0$$
と書き換えられ, さらに共通因数をつくるため
$$c(2y+30)=c(2y+30)+c(90)=2c(y+60)c(y-30)=-2c(y-120)c(y-30)$$
と変形すれば
$$c(y-120)\bigl(1-4c(y-30)c(y+90)\bigr)$$
と分解できる. 最後に
$$1-4c(y-30)c(y+90)=1-2\bigl(c(2y+60)+c(120)\bigr)=2-2c(2y+60)$$
となるので, これで方程式が簡単な因数に分解された. 具体的には, 最初に立てた方程

式が
$$c(3y+30)c(y-120)\bigl(1-c(2y+60)\bigr)=0$$
と変形できたことになり，幾何的な条件から $0<x<60$ つまり $0<y<30$ であることとあわせて，$y=20$ つまり $x=40$ が唯一の解と求まる． ◆

✴ 練習問題：三角関数
三角関数についても練習問題を載せておきます．

【2003 JMO 本選 問題 1】
　三角形 ABC の内部の点 P をとり，直線 BP と辺 AC の交点を Q，直線 CP と辺 AB の交点を R とする．
$$AR = RB = CP \quad かつ \quad CQ = PQ$$
であるとき，∠BRC の大きさを求めよ． 　　　　解答 → p. 127

【2009 IMO 問題 4】
　三角形 ABC は $AB = AC$ をみたす．角 CAB，角 ABC の二等分線が，辺 BC，辺 CA とそれぞれ D，E で交わっている．三角形 ADC の内心を K とする．∠$BEK = 45°$ であるとする．このとき，∠CAB としてありうる値をすべて求めよ． 　　　　解答 → p. 127

【2005 APMO 問題 5】
　三角形 ABC の辺 AB，AC 上にそれぞれ M，N を $MB = BC = CN$ となるようにとる．三角形 ABC の外接円，内接円の半径をそれぞれ R，r とする．比 $\dfrac{MN}{BC}$ を R と r を用いて表せ． 　　　　解答 → p. 128

✴ 5.4 複 素 座 標 ✴

　以前筆者は，幾何の問題を複素座標を使って解いた経験がほとんどありませんでした．直交座標でかなり多くの問題が解けたので，あまり複素座標を新たに習得する利点を感じていなかったのです．

5.4 複素座標

しかしいざ複素座標を使ってみると，直交座標に比べて格段に式が簡単になることがほとんどで，また多くの場面で立式もより自在にできるようになりました．今では，数学オリンピックの幾何の問題を計算で乗り切る際にはこの複素座標が最も適していると考えています．複素座標はあまり使ったことがない人が多いと思いますが，一度身につければ直交座標やベクトルと比べても確実に勝るとも劣らない戦力になるはずです．是非とも練習して身につけてください．

なお，基本的な複素数・複素平面の知識，あるいは複素平面における円や直線の方程式などについて，本書ではほとんど説明しません．知らない人は各自高校数学の教科書や参考書などで自習してください．

✻ 複素座標の利点

直交座標などと何が違うのかがわからない人も多いと思うので，最初に複素座標の利点を挙げておきます．
- 文字が少なくて済む (1 つの点に対して x 座標と y 座標の 2 つが必要ない).
- 2 直線の交点を求める際, 直交座標では x, y 座標を計算するが, 複素座標だと z だけ計算すればよい.
- 式が複雑になりにくい．これは後述の計算例で体感してみてほしい.
- 文字の間の対称性もわかりやすい (直交座標ではある程度「うまくやる」技術でカバーできるが, 複素座標だと座標設定に楽に対称性をもたせることができる).
- 「角度が等しい」という状況を式にしやすい．このことを利用すると, たとえば
  - 三角形 ABC の外接円の A における接線.
  - A, B, C, D が共円であるための条件.

  などが, 外接円の方程式や中心を求めずともすぐに式にできる (直交座標だとやりにくいと思います).
- 内心や傍心も比較的うまく扱える ($\rightarrow$ p. 113, 117).
- 因数分解されやすい．たとえば「$A = B$ なら 0 になる量」があり, それが a, b (A, B の複素座標) の有理式で書いている場合, $a - b$ が因数に現れる．直交座標で $A(a, b), B(c, d)$ とおいていては見えない現象.

✻ 基本的な計算

まずは基本的な状況での式の立て方を, 具体例を通して見てみましょう．式の立て方を学ぶだけでなく, どういう計算をするとどのくらい複雑な式になるのかにも注目しながら取り組んでみてください.

いくつかの計算は，公式として覚えておくと役に立つこともあります．試験本番では補題の形などでこれらの式を整理してから使うとよいかもしれません．

なお複素座標の場合でも，2 直線の交点を求める際には，直交座標の節でも紹介した Cramer の公式 (p. 100) が便利です．つまり 2 直線 $\begin{cases} az + b\bar{z} = e \\ cz + d\bar{z} = f \end{cases}$ の交点は

$z = \dfrac{\begin{vmatrix} e & b \\ f & d \end{vmatrix}}{\begin{vmatrix} a & b \\ c & d \end{vmatrix}}$ となります．以下の計算でも随所で用いています．

[基本計算 1]

$A(a)$, $B(b)$ であり $|a| = |b| = 1$ のとき，直線 AB の方程式を求めよ．

解答 $|a| = 1$ より $\bar{a} = \dfrac{1}{a}$ であることに注意する (以後同じような式変形を断りなく頻繁に用いる)．z が直線 AB 上にあるための条件を式にすると

$\dfrac{z-a}{a-b} \in \mathbb{R} \iff (z-a)(\bar{a}-\bar{b}) \in \mathbb{R} \iff (z-a)(\bar{a}-\bar{b}) = (\bar{z}-\bar{a})(a-b)$

$\iff (z-a)\left(\dfrac{1}{a} - \dfrac{1}{b}\right) = \left(\bar{z} - \dfrac{1}{a}\right)(a-b) \iff z + ab\bar{z} = a + b.$ ◆

[基本計算 2]

$A(a)$, $B(b)$ であり $|a| = |b| = 1$ とする．$C(c)$ から直線 AB におろした垂線の方程式，および垂線の足の座標を求めよ．

解答 垂線の方程式は

$\dfrac{z-c}{a-b} \in \mathbb{R}i \iff (z-c)(\bar{a}-\bar{b}) \in \mathbb{R}i \iff (z-c)\left(\dfrac{1}{a} - \dfrac{1}{b}\right) + (\bar{z}-\bar{c})(a-b) = 0$

$\iff z - ab\bar{z} = c - ab\bar{c}.$

垂線の足の座標は，$\begin{cases} z + ab\bar{z} = a + b \\ z - ab\bar{z} = c - ab\bar{c} \end{cases}$ を解いて $z = \dfrac{a + b + c - ab\bar{c}}{2}$. ◆

5.4 複素座標

注意 集合 $\{ti \mid t \in \mathbb{R}\}$ を $\mathbb{R}i$ と表記しています. 以下同じ記号を断りなく用います.

[基本計算 3]

$|a| = 1$ のとき, 円 $|z| = 1$ の $A(a)$ における接線の方程式を求めよ.

解答 $\dfrac{z-a}{a} \in \mathbb{R}i \iff (z-a)\overline{a} \in \mathbb{R}i \iff (z-a)\overline{a} + (\overline{z}-\overline{a})a = 0 \iff z + a^2\overline{z} = 2a.$

別解:基本計算 1 で得られた式 $z + ab\overline{z} = a + b$ において $b \to a$ なる極限を考えることで, 求める方程式は $z + a^2\overline{z} = 2a$. ◆

[基本計算 4]

$|a| = |b| = 1$ であり, 2 点 $A(a), B(b)$ における円 $|z| = 1$ の接線が交わるとき, その交点の座標を求めよ.

解答 $\begin{cases} z + a^2\overline{z} = 2a \\ z + b^2\overline{z} = 2b \end{cases}$ を解いて $z = \dfrac{\begin{vmatrix} 2a & a^2 \\ 2b & b^2 \end{vmatrix}}{\begin{vmatrix} 1 & a^2 \\ 1 & b^2 \end{vmatrix}} = \dfrac{2ab}{a+b}.$ ◆

注意 基本計算 4 より, 三角形 ABC の内接円 (または傍接円) の方程式を $|z| = 1$ として, 辺 BC, CA, AB との接点の座標を a, b, c とおいた場合, 頂点 A, B, C の座標は $A\left(\dfrac{2bc}{b+c}\right), B\left(\dfrac{2ca}{c+a}\right), C\left(\dfrac{2ab}{a+b}\right)$ となり, 直交座標の場合と比べかなり簡単になります.

他にも, p. 117 で内心や傍心の別のおき方を紹介しています. 内接円自身や, その辺との接点は不要で, 内心と頂点の座標だけ必要という場合には p. 117 で扱うおき方の方がよいかもしれません.

[基本計算 5]

$A(a), B(b), C(c), D(d)$ であり $|a| = |b| = |c| = |d| = 1$ のとき, 直線 AB と直線 CD の交点の座標を求めよ.

解答
$$\begin{cases} z + ab\bar{z} = a + b \\ z + cd\bar{z} = c + d \end{cases}$$ を解けばよく，

$$z = \frac{\begin{vmatrix} a+b & ab \\ c+d & cd \end{vmatrix}}{\begin{vmatrix} 1 & ab \\ 1 & cd \end{vmatrix}} = \frac{acd + bcd - abc - abd}{cd - ab} = \frac{\frac{1}{a} + \frac{1}{b} - \frac{1}{c} - \frac{1}{d}}{\frac{1}{ab} - \frac{1}{cd}}.$$

あるいは $\bar{z} = \dfrac{\begin{vmatrix} 1 & a+b \\ 1 & c+d \end{vmatrix}}{\begin{vmatrix} 1 & ab \\ 1 & cd \end{vmatrix}} = \dfrac{a+b-c-d}{ab-cd}$ の共役をとって $z = \dfrac{\frac{1}{a} + \frac{1}{b} - \frac{1}{c} - \frac{1}{d}}{\frac{1}{ab} - \frac{1}{cd}}$ と求

めてもよい． ◆

[基本計算 6]
$A(a)$, $P(p)$, $|a| = 1$ のとき，直線 AP と円 $|z| = 1$ の A 以外の交点の座標を求めよ．

解答 求める交点の座標を b とすると，この点と A を結ぶ直線 $z + ab\bar{z} = a + b$ 上に P があることから $p + ab\bar{p} = a + b$. したがって $b = \dfrac{a - p}{a\bar{p} - 1}$. ◆

[基本計算 7]
$O(0)$, $A(a)$, $B(b)$ とするとき，三角形 OAB の外心，垂心の座標を求めよ．

解答 OA の垂直二等分線の方程式は $|z|^2 = |z - a|^2 \iff \bar{a}z + a\bar{z} = a\bar{a}$.
OB の垂直二等分線は a と b を入れ替えたもの，したがって外心の座標は

$$\begin{cases} \bar{a}z + a\bar{z} = a\bar{a} \\ \bar{b}z + b\bar{z} = b\bar{b} \end{cases} \text{ を解いて } z = \frac{\begin{vmatrix} a\bar{a} & a \\ b\bar{b} & b \end{vmatrix}}{\begin{vmatrix} \bar{a} & a \\ \bar{b} & b \end{vmatrix}} = \frac{ab(\bar{a} - \bar{b})}{\bar{a}b - a\bar{b}}.$$

次に垂心の座標を求める．B を通り OA に垂直な直線の方程式は $\dfrac{z-b}{a} \in \mathbb{R}i \iff (z-b)\bar{a} \in \mathbb{R}i \iff (z-b)\bar{a} + (\bar{z}-\bar{b})a = 0 \iff \bar{a}z + a\bar{z} = \bar{a}b + a\bar{b}$. A を通り OB に垂

直な直線は a と b を入れ替えたもの，したがって垂心の座標は $\begin{cases} \overline{a}z + a\overline{z} = \overline{a}b + a\overline{b} \\ \overline{b}z + b\overline{z} = \overline{b}a + b\overline{a} \end{cases}$

を解いて $z = \dfrac{\begin{vmatrix} \overline{a}b + a\overline{b} & a \\ \overline{a}b + a\overline{b} & b \end{vmatrix}}{\begin{vmatrix} \overline{a} & a \\ \overline{b} & b \end{vmatrix}} = \dfrac{(\overline{a}b + a\overline{b})(b - a)}{\overline{a}b - a\overline{b}}$. ◆

> [基本計算 8]
> $O(0)$, $A(a)$, $B(b)$ とするとき，三角形 OAB の外接円の O における接線の方程式を求めよ．

解答 接弦定理の逆より，$P(z)$ が求める接線上にあることは，$\dfrac{z - 0}{a - 0} \div \dfrac{0 - b}{a - b} \in \mathbb{R}$ と同値である[*6]．よって $\dfrac{(a-b)z}{ab} \in \mathbb{R} \iff \overline{a}\overline{b}(a-b)z - ab(\overline{a} - \overline{b})\overline{z} = 0$ が求める方程式である． ◆

注意 基本計算 8 のような計算は，直交座標では式が立てにくく，普通にやると接線だけが求めたい場合でも，わざわざ一度外心を求めることになります．複素座標だと (外心を経由せずとも) 1 ステップで接線が求められます．このように複素座標の方が多くの状況に対して自在に式を立てられると思います．

✹ 円に関する定理

以下に挙げる 3 つの定理は初等幾何でよく知られている定理ですが，いずれも初等幾何の言葉で記述すると，点の位置関係によって場合分けが必要になります．たとえば 4 点 A, B, C, D が同一円周上にあるとき，$\angle ACB$ と $\angle ADB$ の関係は，C と D が直線 AB に関して同じ側にあるか反対側にあるかによって，$\angle ACB = \angle ADB$ となるか $\angle ACB + \angle ADB = 180°$ となるかが変わってきます．

有向角などを用いて，場合分けなしに記述する方法もありますが，複素座標で式を立てるとこのような位置関係を考慮する必要がなくなります (接弦定理の場合は既に基本計算 8 で扱いました)．

[*6] P が O についてどちら側にあるかで接弦定理の図の形が変わりますが，それはそれぞれ上の分数の偏角が $0°$, $180°$ の場合に対応します．

> **[定理]** (円周角の定理とその逆)
> 　同一直線上にはない相異なる 3 点 $A(a), B(b), C(c)$ がある. このとき $D(d)$ が三角形 ABC の外接円上にあることは
> $$(a-c)(b-d)(\bar{a}-\bar{d})(\bar{b}-\bar{c}) \in \mathbb{R}$$
> と同値である. なお, この条件は $d \neq a$ のときは
> $$\frac{b-d}{a-d} \div \frac{b-c}{a-c} \in \mathbb{R}$$
> と同値である.

> **[定理]** (接弦定理とその逆)
> 　同一直線上にはない相異なる 3 点 $A(a), B(b), C(c)$ がある. このとき $D(d)$ が三角形 ABC の外接円の C における接線上にあることは
> $$\frac{d-c}{a-c} \div \frac{c-b}{a-b} \in \mathbb{R}$$
> と同値である.

> **[定理]** (方べきの定理とその逆)
> 　$O(0)$ で交わる相異なる直線 l_1, l_2 があり, A, B は l_1 上の点, C, D は l_2 上の点であるとする. $A(a), B(b), C(c), D(d)$ とするとき, 次の 2 条件をみたす円 Γ が存在することと $a\bar{b} = c\bar{d}$ は同値である:
> - 円 Γ と直線 l_1 は, A と B で交わる (ただし $A = B$ のときは, その点で接すると解釈する).
> - 円 Γ と直線 l_2 は, C と D で交わる (ただし $C = D$ のときは, その点で接すると解釈する).

定理の証明はすべて省略しますが, 初等幾何の定理として知られている場合から簡単にわかるので各自確かめてみてください.

✾ 三角形の五心 (再考)

三角形の頂点および五心のすべての座標が簡単な式になるように座標をおくのは, 直

交座標の場合には割と難しいと思われます．しかし，複素座標だと，三角形の頂点および五心すべての座標が比較的簡単な式になるようにできます．対称性も使いやすく，使える場面は多いと思います．

三角形 ABC の五心について，ここでも p. 101 と同じ記号 $G, O, H, I, I_A, I_B, I_C$ を使うことにします．

[定理] (三角形の五心)
　三角形 ABC の外心の座標が 0 であるとき，うまく $a, b, c \in \mathbb{C}$ を選べば次が成り立つ：
$$A(a^2), \quad B(b^2), \quad C(c^2), \quad O(0), \quad G\left(\frac{a^2+b^2+c^2}{3}\right), \quad H(a^2+b^2+c^2),$$
$$I(-ab-bc-ca), \quad I_A(ab-bc+ca), \quad I_B(ab+bc-ca), \quad I_C(-ab+bc+ca).$$

証明　弧 BC の中点のうち A を含まない側の弧に関するものを X とし，A を含む側の弧に関するものを X' とする．同様に弧 CA の中点を Y と Y' (それぞれ B を含まない側の弧, 含む側の弧に関するもの) とし, 弧 AB の中点を Z と Z' (それぞれ C を含まない側の弧, 含む側の弧に関するもの) とする．

A, B, C の座標を α, β, γ とおく．X, Y, Z の座標を x, y, z とおく．このとき角度計算から，
$$x^2 = \beta\gamma, \quad y^2 = \gamma\alpha, \quad z^2 = \alpha\beta, \quad xyz = -\alpha\beta\gamma$$
が成り立つことがわかる．まず，$a \in \mathbb{C}$ を $\alpha = a^2$ となるように選ぶ．次に $z = -ab$ となるように $b \in \mathbb{C}$ をとる．このとき $z^2 = \alpha\beta$ より $\beta = b^2$ が成り立つ．同様に $x = -bc$ となるように $c \in \mathbb{C}$ をとると, $\gamma = c^2$ が成り立つ．このとき $y = \dfrac{-\alpha\beta\gamma}{xz} = -ca$ が成り立つ．

さて，こうして次をみたす $a, b, c \in \mathbb{C}$ をとることができた．

$A(a^2)$, $B(b^2)$, $C(c^2)$, $X(-bc)$, $Y(-ca)$, $Z(-ab)$, $X'(bc)$, $Y'(ca)$, $Z'(ab)$.

五心の座標についての主張を証明しよう．O については明らかであり，G, H については Euler 線 (p. 101) よりよい．

内心 I の座標を求めよう．まず簡単な図形的考察により I は三角形 XYZ の垂心であることがわかる．三角形 XYZ の外心は O なので，Euler 線 (p. 101) より I の座標は $x+y+z$ となるので $I(-ab-bc-ca)$ を得る．

I_A, I_B, I_C に関する主張は，これらがそれぞれ三角形 $XY'Z'$, 三角形 $X'YZ'$, 三

角形 $X'Y'Z$ の垂心であることを用いて I の場合と同様にして証明することができる. ◆

定理の状況で, 内接円 (あるいは傍接円) と各辺の接点も簡単に計算できます (基本計算 2). 内接円の方程式は少し複雑になるので, 内接円と各辺の接点をよく用いる問題の場合には, 内接円の方程式を $|z|=1$ などとして各辺との接点の座標を文字でおく (各頂点の座標は基本計算 4 でわかる) のがよいかもしれません. 一方で外接円と内心が混在するような状況では, 定理のおき方はかなり強力でしょう.

✴ 問 題 例

【2010 春合宿 問題 7】
$AB \neq AC$ なる三角形 ABC がある. 三角形 ABC の内部に点 P があり, $\angle ABP = \angle CAP$, $\angle BAP = \angle ACP$ をみたしている. 三角形 ABC の外接円に点 A で接する直線と直線 BC の交点を D とするとき, $\angle APD = 90°$ が成り立つことを示せ.

注目するべきは P, A, B, C の位置関係で, P が原点であるように座標をおけば, B, A, C の座標が等比数列をなすことがわかります. これで最初の角度の条件は比較的簡単に座標の情報に直すことができます.

あとは 2 直線の方程式を求め, その交点 D を調べるだけです. 示すべきは $\angle APD = 90°$ ですが, $P(0), A(1)$ とおくとこの条件は D の座標が純虚数と言い換えられるので, 以下の解答ではそのように座標をおきました.

解答 P の座標が 0, A の座標が 1 であるとしてよい. B, C の座標を b, c とする. 問題文の条件より三角形 PBA と三角形 PAC は向きを保つ相似なので $\dfrac{c}{1} = \dfrac{1}{b}$, つまり $bc = 1$ が成り立つ.

直線 BC の方程式は,
$$\frac{z-b}{b-c} \in \mathbb{R} \iff (\overline{b}-\overline{c})(z-b) \in \mathbb{R} \iff (\overline{b}-\overline{c})z - (b-c)\overline{z} = \overline{b}c - b\overline{c}$$
$$\iff b(\overline{b}^2-1)z - \overline{b}(b^2-1)\overline{z} = \overline{b}^2 - b^2.$$

三角形 ABC の外接円の A における接線の方程式は,

5.4 複素座標

$$\frac{z-1}{b-1} \div \frac{1-c}{b-c} \in \mathbb{R} \iff \frac{(z-1)(b^2-1)}{(b-1)(b-1)} \in \mathbb{R} \iff \frac{(z-1)(b+1)}{(b-1)} \in \mathbb{R}$$

$$\iff (z-1)(b+1)(\bar{b}-1) \in \mathbb{R}$$

$$\iff (b+1)(\bar{b}-1)z - (\bar{b}+1)(b-1)\bar{z} = 2(\bar{b}-b).$$

よって D の座標を z とすると,

$$z = \frac{\begin{vmatrix} \bar{b}^2-b^2 & -\bar{b}(b^2-1) \\ 2(\bar{b}-b) & -(\bar{b}+1)(b-1) \end{vmatrix}}{\begin{vmatrix} b(\bar{b}^2-1) & -\bar{b}(b^2-1) \\ (b+1)(\bar{b}-1) & -(\bar{b}+1)(b-1) \end{vmatrix}}, \quad \bar{z} = \frac{\begin{vmatrix} b(\bar{b}^2-1) & \bar{b}^2-b^2 \\ (b+1)(\bar{b}-1) & 2(\bar{b}-b) \end{vmatrix}}{\begin{vmatrix} b(\bar{b}^2-1) & -\bar{b}(b^2-1) \\ (b+1)(\bar{b}-1) & -(\bar{b}+1)(b-1) \end{vmatrix}}$$

となる. $\angle APD = 90°$ を示すには, $\mathrm{Re}(z) = 0$ つまり $z + \bar{z} = 0$ を示せばよく, 上の z と $\bar{z}$ の表示において分母は同じなので

$$\begin{vmatrix} \bar{b}^2-b^2 & -\bar{b}(b^2-1) \\ 2(\bar{b}-b) & -(\bar{b}+1)(b-1) \end{vmatrix} + \begin{vmatrix} b(\bar{b}^2-1) & \bar{b}^2-b^2 \\ (b+1)(\bar{b}-1) & 2(\bar{b}-b) \end{vmatrix} = 0$$

を示せばよいことになる. この左辺は

$$\begin{vmatrix} \bar{b}(b^2-1) & \bar{b}^2-b^2 \\ (\bar{b}+1)(b-1) & 2(\bar{b}-b) \end{vmatrix} + \begin{vmatrix} b(\bar{b}^2-1) & \bar{b}^2-b^2 \\ (b+1)(\bar{b}-1) & 2(\bar{b}-b) \end{vmatrix}$$

$$= \begin{vmatrix} \bar{b}(b^2-1) + b(\bar{b}^2-1) & \bar{b}^2-b^2 \\ (\bar{b}+1)(b-1) + (b+1)(\bar{b}-1) & 2(\bar{b}-b) \end{vmatrix}$$

に等しく, これはさらに

$$\begin{vmatrix} (b+\bar{b})(b\bar{b}-1) & (\bar{b}-b)(b+\bar{b}) \\ 2(b\bar{b}-1) & 2(\bar{b}-b) \end{vmatrix} = (b+\bar{b})(\bar{b}-b)(b\bar{b}-1) \begin{vmatrix} 1 & 1 \\ 2 & 2 \end{vmatrix} = 0$$

と変形できるので示された. ◆

次の問題は, 直交座標では計算で解くのはかなり難しい部類に入ると思います. 複素座標だと試験中にも十分こなしきれる計算量で解くことができます (それでも多少面倒ですが).

【2010 IMO 問題2】

三角形 ABC の内心を I とし, 外接円を Γ とする. 直線 AI が円 Γ と再び交わる点を D とする. 点 E は弧 BDC 上, 点 F は辺 BC 上にあり, 次をみたす:

$$\angle BAF = \angle CAE < \frac{1}{2}\angle BAC.$$

線分 IF の中点を G とする. このとき, 直線 DG と直線 EI は円 Γ 上で交わることを示せ.

解答 p. 117 で説明したように, 次のようにおくことができる:

$$A(1), \quad B(b^2), \quad C(c^2), \quad D(-bc), \quad I(-bc-b-c).$$

ただし b, c は $|b| = |c| = 1$ をみたす複素数. また直線 AF と円 Γ の A 以外の交点の座標を x とする. 角度の条件より $E\left(\dfrac{b^2c^2}{x}\right)$ である. $F(f), G(g)$ としておこう. まず示すべき式は, 直線 EI と円 Γ の E 以外の交点, および直線 DG と円 Γ の D 以外の交点が一致することなので, 基本計算 6 を用いて

$$\frac{\frac{b^2c^2}{x} + b + c + bc}{\frac{b^2c^2}{x}\left(-\frac{1}{b} - \frac{1}{c} - \frac{1}{bc}\right) - 1} = \frac{-bc - g}{-bc\overline{g} - 1}$$

と書くことができる. この左辺は

$$-\frac{(bc + b + c)x + b^2c^2}{x + bc(b + c + 1)}$$

と書けるので, 右辺を計算し (x, b, c で表し) 左辺に一致することを示そう. G は IF の中点なので,

$$\frac{-bc - g}{-bc\overline{g} - 1} = \frac{2bc + 2g}{2bc\overline{g} + 2} = \frac{2bc + f - (bc + b + c)}{bc\left(\overline{f} - \frac{1}{b} - \frac{1}{c} - \frac{1}{bc}\right) + 2}$$

となり, さらに $f = \dfrac{\frac{1}{b^2} + \frac{1}{c^2} - \frac{1}{x} - 1}{\frac{1}{b^2c^2} - \frac{1}{x}}$ (これは基本計算 5) を代入すると

$$\frac{\dfrac{\frac{1}{b^2} + \frac{1}{c^2} - \frac{1}{x} - 1}{\frac{1}{b^2c^2} - \frac{1}{x}} + (bc - b - c)}{bc \cdot \dfrac{b^2 + c^2 - x - 1}{b^2c^2 - x} + (1 - b - c)}$$

$$= \frac{(b^2c^2 - x)\dfrac{c^2x + b^2x - b^2c^2 - b^2c^2x}{x - b^2c^2} + (b^2c^2 - x)(bc - b - c)}{bc(b^2 + c^2 - x - 1) + (1 - b - c)(b^2c^2 - x)}$$

$$= \frac{-(b^2 + c^2 - b^2c^2)x + b^2c^2 + (b^2c^2 - x)(bc - b - c)}{bc(b^2 + c^2 - x - 1) + (1 - b - c)(b^2c^2 - x)}$$

となる．以下「この分数が $-\dfrac{(bc+b+c)x+b^2c^2}{x+bc(b+c+1)}$ に変形できるはず」ということに注意しながら (つまりたとえば分子からは $(bc+b+c)x+b^2c^2$ という因数が出てくるはず) 分母, 分子を式変形すると,

$$\frac{-(b^2+c^2-b^2c^2)x+b^2c^2+(b^2c^2-x)(bc-b-c)}{bc(b^2+c^2-x-1)+(1-b-c)(b^2c^2-x)}$$
$$=\frac{(b-1)(c-1)\bigl((bc+b+c)x+b^2c^2\bigr)}{-(b-1)(c-1)\bigl(x+bc(b+c+1)\bigr)}$$
$$=-\frac{(bc+b+c)x+b^2c^2}{x+bc(b+c+1)}$$

と変形でき, 示したい式が得られた． ◆

✹ 練習問題：複素座標

近年の JMO・IMO の問題でもかなりの問題が複素座標で対応できます．複素座標を是非練習してもらいたいという思いから, 練習問題もたくさん載せることにしました．問題はなるべく簡単な順に載せるよう心がけたので, 最初から順番に解きすすめるといいと思います．

【2003 IMO 問題 4】

四角形 $ABCD$ は円に内接している．点 D から直線 BC, CA, AB におろした垂線の足をそれぞれ P, Q, R とする．

$PQ = QR$ が成り立つための必要十分条件が, $\angle ABC$ の二等分線と $\angle ADC$ の二等分線が AC 上で交わることであることを示せ． 解答 → p. 130

【2008 JMO 本選 問題 3】

鋭角三角形 ABC の外心を O とする．2 点 A, O を通る円が, 直線 AB, AC とそれぞれ A 以外の点 P, Q で交わっている．線分 PQ と線分 BC の長さが等しいとき, 直線 PQ と直線 BC のなす角のうち $90°$ 以下の方の大きさを求めよ．

解答 → p. 130

【2006 JMO 本選 問題 1】

円 O の周上に相異なる 5 点 A, M, B, C, D がこの順に並んでおり,線分 MA と MB の長さが等しいとする.直線 AC と MD,直線 BD と MC の交点をそれぞれ P, Q とし,直線 PQ と円 O の周との 2 交点をそれぞれ X, Y とするとき,MX と MY の長さが等しいことを示せ.   解答 → p. 131

【2002 JMO 本選 問題 1】

円 C_0 の周上に相異なる 3 点 A, M, B があり,$AM = MB$ が成り立っている.直線 AB に関して M と反対側の弧 AB 上に点 P をとる.円 C_0 に点 P で内接し,弦 AB に接する円を C_1 とし,C_1 と弦 AB との接点を Q とする.このとき

点 P のとり方によらず,MP と MQ の積 $MP \cdot MQ$ が一定である

ことを示せ.   解答 → p. 131

【2010 APMO 問題 1】

角 BAC が $90°$ でないような三角形 ABC がある.三角形 ABC の外心を O とし,三角形 BOC の外接円を Γ とする.Γ は線分 AB と B 以外の点 P で交わり,線分 AC と C 以外の点 Q で交わっている.線分 ON を Γ の直径とするとき,四角形 $APNQ$ は平行四辺形であることを示せ.   解答 → p. 132

【2009 JMO 本選 問題 4】

三角形 ABC の外接円を Γ とする.点 O を中心とする円が,線分 BC と点 P で接し,Γ の弧 BC のうち A を含まない方と点 Q で接している.$\angle BAO = \angle CAO$ のとき,$\angle PAO = \angle QAO$ であることを示せ.   解答 → p. 133

【2009 IMO 問題 2】

三角形 ABC の外心を O とする.P, Q はそれぞれ線分 CA, AB 上の端点でない点である.線分 BP, CQ, PQ の中点をそれぞれ K, L, M とし,K, L, M を通る円を Γ とする.Γ と直線 PQ は接しているとする.このとき,$OP = OQ$ を示せ.   解答 → p. 133

【2006 APMO 問題 4】

円 O の周上に異なる 2 点 A, B をとり, 線分 AB の中点を P とする. 線分 AB と P で接し, かつ円 O とも接するような円のうち, 1 つを O_1 とする. 点 A から円 O_1 へ直線 AB とは異なる接線をひき, それを直線 l とする. 直線 l と円 O の交点のうち, 点 A とは異なるものを点 C とする. 線分 BC の中点を Q とする. 線分 BC と点 Q で接し, かつ線分 AC とも接するような円を O_2 とする. このとき, 円 O と円 O_2 が接することを示せ.

解答 → p. 134

【2010 春合宿 問題 5】

円に内接する四角形 $ABCD$ において, 直線 AC と BD が点 E で, AD と BC が点 F で交わっているとする. 線分 AB, CD の中点をそれぞれ G, H とする. このとき, E, G, H を通る円は直線 EF に点 E で接することを示せ.

解答 → p. 135

【2005 JMO 本選 問題 4】

円 Γ 上の 2 点 A, B に対し, A での接線と B での接線は点 X で交わり, Γ 上の 2 点 C, D に対し, C, D, X はこの順に一直線上にあるとする. 直線 CA と直線 BD が点 F で直交するとき, CD と AB の交点を G とし, GX の垂直二等分線と BD の交点を H とする. このとき, 4 点 X, F, G, H は同一円周上にあることを示せ.

解答 → p. 137

5.5 練習問題の解答

直交座標

【2010 JMO 本選 問題 1】

$AB \neq AC$ なる鋭角三角形 ABC があり, A から BC におろした垂線の足を H とおく. 点 P, Q を, 3 点 A, B, P と 3 点 A, C, Q がともにこの順に一直線上に並ぶようにとると, 4 点 B, C, P, Q は同一円周上にあり, $HP = HQ$ が成り立った. このとき H は三角形 APQ の外心であることを示せ.

→ p. 106

座標をおくときのポイントは
- B, P と C, Q の対称性を活かす.
- 計算に使う H, P, Q がそれほど複雑な式にならないようにしたい.
- B, C, P, Q が同一円周上にあることの処理.

でしょうか.

解答 A が原点, 直線 AH が x 軸であるとしてよい.

$$A(0,0), \quad B(a,b), \quad C(a,c), \quad H(a,0), \quad P(ka,kb), \quad Q(la,lc)$$

とおく.

まず B, C, P, Q が同一円周上にあることより $k(a^2+b^2) = l(a^2+c^2)$ が成り立つ (方べきの定理). この共通の値を X とおく. 次に $HP = HQ$ より $HP^2 = HQ^2$ であるから

$$k^2(a^2+b^2) - 2ka^2 + a^2 = l^2(a^2+c^2) - 2la^2 + a^2$$

である. この式に $k = \dfrac{X}{a^2+b^2}, l = \dfrac{X}{a^2+c^2}$ を代入して整理することで

$$X(X - 2a^2)\left(\frac{1}{a^2+b^2} - \frac{1}{a^2+c^2}\right) = 0$$

を得る. ここで明らかに $X \neq 0$ であり, また $AB \neq AC$ より $a^2+b^2 \neq a^2+c^2$ なので $X = 2a^2$ である. これより $k = \dfrac{2a^2}{a^2+b^2}$ なので

$$HP^2 = k^2(a^2+b^2) - 2ka^2 + a^2 = a^2 = HA^2$$

を得る. よって $HP = HA$ である. $HP = HQ$ なので H は三角形 APQ の外心である. ◆

【2001 JMO 本選 問題 5】
平面上に三角形 ABC と三角形 PQR があり, 以下の 2 つの条件 (1), (2) をみたしている.
(1) 点 A は線分 QR の中点であり, 点 P は線分 BC の中点である.
(2) 直線 QR は $\angle BAC$ の二等分線であり, 直線 BC は $\angle QPR$ の二等分線である.

このとき, $AB + AC = PQ + PR$ となることを示せ. → p. 106

解答 $BP = PC = 1$ としてよい. このとき直線 BC が $\angle QPR$ の二等分線であることから

$$P(0,0), \quad B(-1,0), \quad C(1,0), \quad Q(a,b), \quad R(ka,-kb)$$

とおける (ただし $k>0$) [*7]. 直線 BC と直線 QR の交点を X とおく.

X は線分 QR を $1:k$ に内分する点なので, その座標は $\left(\dfrac{2ka}{k+1}, 0\right)$ である. また A は線分 QR の中点なので, その座標は $\left(\dfrac{(k+1)a}{2}, \dfrac{(1-k)b}{2}\right)$ である.

直線 BC が $\angle QPR$ の二等分線であることから, ある実数 t が存在して $AB = tBX$, $AC = tCX$ つまり

$$\sqrt{\frac{k^2+2k+1}{4}a^2 + (k+1)a + 1 + \frac{k^2-2k+1}{4}b^2} = t\left(\frac{2ka}{k+1} + 1\right),$$

$$\sqrt{\frac{k^2+2k+1}{4}a^2 - (k+1)a + 1 + \frac{k^2-2k+1}{4}b^2} = t\left(1 - \frac{2ka}{k+1}\right)$$

が成り立つ. 2 乗して差をとると $2(k+1)a = t^2 \cdot \dfrac{8ka}{k+1}$ となるので, $t = \dfrac{k+1}{2\sqrt{k}}$ である. 再び $AB = tBX$ より

$$\sqrt{\frac{k^2+2k+1}{4}a^2 + (k+1)a + 1 + \frac{k^2-2k+1}{4}b^2} = \frac{k+1}{2\sqrt{k}}\left(\frac{2ka}{k+1} + 1\right)$$

なので, 両辺を 2 乗して

$$\frac{k^2+2k+1}{4}a^2 + (k+1)a + 1 + \frac{k^2-2k+1}{4}b^2 = \frac{1}{4k}\left(4k^2a^2 + 4k(k+1)a + (k^2+2k+1)\right)$$

であるが, この式を整理すると

$$\frac{(k-1)^2}{4}\left(a^2 + b^2 - \frac{1}{k}\right) = 0$$

となる. ここで $k=1$ のときは, A の y 座標が 0, したがって 3 点 A, B, C が三角形をつくらないので矛盾である. したがって $k \neq 1$ なので $a^2 + b^2 = \dfrac{1}{k}$.

さて, $AB + AC = PQ + PR$ を示そう. まず

$$AB + AC = t\left(\frac{2ka}{k+1} + 1\right) + t\left(1 - \frac{2ka}{k+1}\right) = 2t$$

である. 次に

$$PQ + PR = \sqrt{a^2+b^2} + k\sqrt{a^2+b^2} = (k+1)\sqrt{a^2+b^2} = \frac{k+1}{\sqrt{k}}$$

である. $t = \dfrac{k+1}{2\sqrt{k}}$ であったからこれらは一致するので示された. ◆

[*7] $k<0$ の場合は BC は $\angle QPR$ の外角の二等分線に対応します.

> **【2000 IMO 問題 1】**
> 2つの円 Γ_1, Γ_2 があり，2点 M, N で交わっている．直線 ℓ は Γ_1 と Γ_2 の共通接線であり，点 M は点 N より直線 ℓ に近い側にある．直線 ℓ は Γ_1 と点 A で接し，Γ_2 と点 B で接する．点 M を通り ℓ に平行な直線と Γ_1 との交点を C，Γ_2 との交点を D とする．ただし C, D は M と異なる点である．
> 直線 CA と DB の交点を E，直線 AN と CD の交点を P，直線 BN と CD の交点を Q とする．$EP = EQ$ を示せ． → p. 106

筆者は
$$\ell: y = 0, \quad A(a, 0), \quad B(b, 0),$$
$$\Gamma_1: (x-a)^2 + (y-R)^2 = R^2, \quad \Gamma_2: (x-b)^2 + (y-r)^2 = r^2.$$
と座標をおきました．直線 ℓ や直線 PQ が x 軸に平行なので，たとえば示すべき主張 $EP = EQ$ が簡単になります．

座標のおき方以外にもポイントがあります．このように座標をおくと，M や N の座標はある2次方程式を解いて得られます．これをわざわざ式で表しては，以後の計算過程がすべてかなり複雑になってしまいます．一度何らかの文字でおき，必要があれば後で計算するのがよいでしょう．

解答 次のように座標をおく：
$$\ell: y = 0, \quad A(a, 0), \quad B(b, 0),$$
$$\Gamma_1: (x-a)^2 + (y-R)^2 = R^2, \quad \Gamma_2: (x-b)^2 + (y-r)^2 = r^2.$$

M の座標を (α_1, β_1) とし，N の座標を (α_2, β_2) とおく．C の座標は $(2a - \alpha_1, \beta_1)$ である．したがって直線 AC の方程式は $\beta_1 x - (a - \alpha_1) y = a\beta_1$．同様に直線 BD の方程式は $\beta_1 x - (b - \alpha_1) y = b\beta_1$ である．よって E の x 座標は

$$\frac{\begin{vmatrix} a\beta_1 & -(a-\alpha_1) \\ b\beta_1 & -(b-\alpha_1) \end{vmatrix}}{\begin{vmatrix} \beta_1 & -(a-\alpha_1) \\ \beta_1 & -(b-\alpha_1) \end{vmatrix}} = \alpha_1$$

である．

よって E の x 座標は M の x 座標と同じなので，$EP = EQ$ を示すには，線分 PQ の中点が M であることを示せばよい．これには直線 MN と直線 AB の交点を X としたとき，線分 AB の中点が X であることを示せばよい．

直線 MN の方程式は，2円の方程式の差をとって $2(a-b)x + 2(R-r)y = a^2 - b^2$ な

ので, X の座標は $\left(\dfrac{a+b}{2}, 0\right)$ であり, これは線分 AB の中点であるから示された. ◆

✹ 三 角 関 数

【2003 JMO 本選 問題 1】
　三角形 ABC の内部の点 P をとり, 直線 BP と辺 AC の交点を Q, 直線 CP と辺 AB の交点を R とする.
$$AR = RB = CP \quad \text{かつ} \quad CQ = PQ$$
であるとき, $\angle BRC$ の大きさを求めよ.
→ p. 110

解答　$AR = RB = 1$ としてよい. $\angle BRC = x$, $\angle PCQ = y$ とおく. $CQ = PQ$ を使って角度を計算すると, 次がわかる:
$$\angle RAC = x - y, \quad \angle BPR = y, \quad \angle PBR = \pi - x - y.$$
したがって正弦定理より
$$PR = \frac{\sin(\pi - x - y)}{\sin y} = \frac{\sin(x+y)}{\sin y}, \quad CR = \frac{\sin(x-y)}{\sin y}$$
である. これと $CP = 1$ より $\dfrac{\sin(x-y)}{\sin y} - \dfrac{\sin(x+y)}{\sin y} = 1$. この左辺は $\dfrac{-2\cos x \sin y}{\sin y} = -2\cos x$ と変形できるので $\cos x = -\dfrac{1}{2}$ がわかり, $0° < x < 180°$ なので $x = 120°$ である. ◆

【2009 IMO 問題 4】
　三角形 ABC は $AB = AC$ をみたす. 角 CAB, 角 ABC の二等分線が, 辺 BC, 辺 CA とそれぞれ D, E で交わっている. 三角形 ADC の内心を K とする. $\angle BEK = 45°$ であるとする. このとき, $\angle CAB$ としてありうる値をすべて求めよ.
→ p. 110

　この問題には解が 2 通りあります. 初等幾何の解法で挑むと, 図の形に依存した議論になり, 片方の解 (ある 2 点が重なる場合) を見落としやすかったようで, 簡単な問題の割に点を落とした選手が国際的にもかなりいたようです. 計算による解法では多少計算は面倒になりますが, 議論が図の形に依存しないため解を見落とす危険は少ないです. こういうのも計算の解法の利点だと思います.

128　　　5. 幾何—計算による解法—

解答 　以下実数 x に対し, $s(x) = \sin x°$, $c(x) = \cos x°$ と書く. $\angle ABD = 2x°$ とおく. 直線 AD と直線 BE の交点を I とおく. I は三角形 ABC の内心であり, C, K, I はこの順に同一直線上に並ぶ.
$\dfrac{EK}{IK} \cdot \dfrac{IK}{DK} \cdot \dfrac{DK}{CK} \cdot \dfrac{CK}{EK} = 1$ なので正弦定理より

$$\frac{s(2x)}{s(45)} \cdot \frac{s(45)}{s(90-x)} \cdot \frac{s(x)}{s(45)} \cdot \frac{s(135-3x)}{s(x)} = 1$$

が成り立つ. これより $\dfrac{s(2x)s(135-3x)}{s(45)s(90-x)} = 1$ であり, また倍角の公式より $\dfrac{s(2x)}{s(90-x)} = 2s(x)$ なので, 結局 $2s(x)s(135-3x) = s(45)$ を得る. これは $2c(90-x)c(3x-45) = c(45)$ と変形でき, 積和の公式より $c(4x-135) + c(2x+45) = c(45)$ と変形できる. さらにこれは $c(4x+45) + c(45) = c(2x+45)$ と同値であり, 和積の公式より $2c(2x+45)c(2x) = c(2x+45)$ と変形できる.

したがって $c(2x+45) = 0$ または $c(2x) = \dfrac{1}{2}$ であり, また明らかに $0 < x < 45$ なので $x = \dfrac{45}{2}$ または $x = 30$ である. これら両方が条件をみたすことは容易に確かめられる. 求めるものは $\angle CAB = (180-4x)°$ なので, $60°$ と $90°$ が答である. ◆

【2005 APMO 問題 5】
　三角形 ABC の辺 AB, AC 上にそれぞれ M, N を $MB = BC = CN$ となるようにとる. 三角形 ABC の外接円, 内接円の半径をそれぞれ R, r とする. 比 $\dfrac{MN}{BC}$ を R と r を用いて表せ.　　　　　　　　　　　　　→ p. 110

　三角形 ABC の 3 辺の長さを a, b, c とします. 問題の主張が正しいとするなら, $\dfrac{MN}{BC}$ は a, b, c の対称式になるはずです.
　さらに, 求める値は三角形全体を相似拡大しても変化しないので, 答は r と R の両方に同じ数をかけても変化しないものになるはずです. よって, 実際に計算を実行せずとも, 答は $\dfrac{r}{R}$ の式で書けることが予測できます.
　これらのことを考慮に入れると計算のミスなどもしにくくなるでしょう.

解答 　$BC = a, CA = b, AB = c$ とおく. 三角形 AMN に余弦定理を適用することで,

$$MN^2 = (b-a)^2 + (c-a)^2 - 2(b-a)(c-a) \cdot \frac{-a^2+b^2+c^2}{2bc}$$

がわかる. これを a^2 で割り整理することで,

$$\left(\frac{MN}{BC}\right)^2 = \frac{a^3+b^3+c^3-(a^2b+ab^2+b^2c+bc^2+c^2a+ca^2)+3abc}{abc}$$

を得る．あとはこれを R, r で表せばよい．

そこで R, r と a, b, c の関係を整理しよう．まず三角形 ABC の面積は $\dfrac{abc}{4R}$ とも $\dfrac{1}{2}(a+b+c)r$ とも表すことができる．さらに Heron の公式より

$$\frac{abc}{4R} = \frac{1}{2}(a+b+c)r = \frac{1}{4}\sqrt{(a+b+c)(-a+b+c)(a-b+c)(a+b-c)}$$

が成り立つ[*8)．これより

$$\frac{abc}{4R} \cdot \frac{1}{2}(a+b+c)r = \frac{1}{16}(a+b+c)(-a+b+c)(a-b+c)(a+b-c)$$

となるので

$$\frac{2r}{R} = \frac{(-a+b+c)(a-b+c)(a+b-c)}{abc}$$

が成り立つ[*9)．この右辺を展開して $\left(\dfrac{MN}{BC}\right)^2$ の式と比べることで，$\left(\dfrac{MN}{BC}\right)^2 = 1 - \dfrac{2r}{R}$ となることがわかり，$\dfrac{MN}{BC} = \sqrt{1 - \dfrac{2r}{R}}$ を得る． ◆

注意 この問題のように答を求める問題の場合，他の問題に増して「具体的な図による検算」は有効といえるでしょう．たとえば $BC = CA = AB$ (正三角形) の場合を考えることで，$R = 2r$ ならば $\dfrac{MN}{BC} = 0$ となることがわかりますし，$BC : CA : AB = 3 : 4 : 5$ の場合を考えることで $R = \dfrac{5}{2}r$ ならば $\dfrac{MN}{BC} = \dfrac{\sqrt{5}}{5}$ となることがわかります．この程度の検算をするだけでも，答そのものを間違えることはほぼ防げるはずです．

[*8) この関係式により a, b, c を決めれば r, R が決まるので，他の関係式を探す必要はありません．

[*9) ルートの含まれない式を得たいことや，$\left(\dfrac{MN}{BC}\right)^2$ の式において $a+b+c$ が現れないことから $a+b+c$ を打ち消し合うようにしたいこと，abc が分母に現れる関係式をつくりたいことなどから見るとそれほど不自然な式変形ではないと思います．また，解答前で述べた事情からも $\dfrac{r}{R}$ を調べるというアイデアに到達できるのではないかと思います．

複素座標

【2003 IMO 問題 4】
四角形 $ABCD$ は円に内接している.点 D から直線 BC, CA, AB におろした垂線の足をそれぞれ P, Q, R とする.
$PQ = QR$ が成り立つための必要十分条件が,$\angle ABC$ の二等分線と $\angle ADC$ の二等分線が AC 上で交わることであることを示せ. → p. 121

二等分線の方程式を調べたり,その交点を考えるのは筋が悪いでしょう.二等分線の交点が AC 上にあるための条件は角の二等分線定理による言い換えをしておきます.

解答 $PQ = QR \iff AB : CB = AD : CD$ を示せばよい.四角形 $ABCD$ が円 $|z| = 1$ に内接しているとしてよい.また D の座標は 1 であるとしてよい.A, B, C の座標を a, b, c とおく.

P, Q, R の座標はそれぞれ
$$\frac{1+b+c-bc}{2}, \quad \frac{1+c+a-ca}{2}, \quad \frac{1+a+b-ab}{2}$$

となる (基本計算 2).よって $PQ = \frac{1}{2}|(1+b+c-bc)-(1+c+a-ca)| = \frac{1}{2}|b-a||1-c|$ となり,$PQ = \frac{1}{2}AB \cdot CD$ を得る.同様に $QR = \frac{1}{2}BC \cdot AD$ となるので $PQ = QR \iff AB \cdot CD = BC \cdot AD$ となり,示したい同値が得られた.◆

【2008 JMO 本選 問題 3】
鋭角三角形 ABC の外心を O とする.2 点 A, O を通る円が,直線 AB, AC とそれぞれ A 以外の点 P, Q で交わっている.線分 PQ と線分 BC の長さが等しいとき,直線 PQ と直線 BC のなす角のうち $90°$ 以下の方の大きさを求めよ.
→ p. 121

解答 4 点 A, P, O, Q を通る円の方程式が $|z| = 1$ であり,O の座標が 1 であるとしてよい.A, P, Q の座標を a, p, q とする.B, C の座標を b, c とする.O から AP におろした垂線の足の座標は $\frac{a+p+1-ap}{2}$ であり (基本計算 2),これが線分 AB の中点なので $b = p+1-ap$ である.同様に $c = q+1-aq$ となるので,$b - c = (1-a)(p-q)$ となる.

$PQ = BC$ より $|p-q| = |1-a||p-q|$ であるが,P, Q は相異なる点なので $|1-a| = 1$ を得る.したがって $|a| = |1-a| = 1$ となるので,$a = \frac{1}{2} \pm \frac{\sqrt{3}}{2}i$ である.

このことから $\dfrac{b-c}{p-q} = 1-a$ の偏角は $\pm 60°$ となるので,求める角度は $60°$ である.

◆

【2006 JMO 本選 問題1】

円 O の周上に相異なる 5 点 A, M, B, C, D がこの順に並んでおり,線分 MA と MB の長さが等しいとする.直線 AC と MD,直線 BD と MC の交点をそれぞれ P, Q とし,直線 PQ と円 O の周との 2 交点をそれぞれ X, Y とするとき,MX と MY の長さが等しいことを示せ.　　→ p. 122

解答　円 O の方程式が $|z|=1$,M の座標が 1 であるとしてよい.$A, B, C, D, P,$ Q の座標をそれぞれ a, b, c, d, p, q とする.$MA = MB$ より $ab = 1$ が成り立つ.$\mathrm{Re}(p) = \mathrm{Re}(q)$ を示せばよい.

$$p = \frac{\frac{1}{a} + \frac{1}{c} - \frac{1}{d} - 1}{\frac{1}{ac} - \frac{1}{d}} = \frac{-cd - ad + ac + acd}{ac - d},$$

$$\overline{p} = \frac{a + c - d - 1}{ac - d}$$

である (基本計算 5).また $q, \overline{q}$ は $p, \overline{p}$ の式において a と b,c と d を入れ替えたものである.さらに $ab = 1$ を用いると

$$q = \frac{-dc - bc + bd + bdc}{bd - c} = \frac{acd + c - d - cd}{ac - d},$$

$$\overline{q} = \frac{b + d - c - 1}{bd - c} = \frac{-1 - ad + ac + a}{ac - d}$$

となる.これより容易に $p + \overline{p} = q + \overline{q}$ がわかり,示すべき式 $\mathrm{Re}(p) = \mathrm{Re}(q)$ を得る.

◆

【2002 JMO 本選 問題1】

円 C_0 の周上に相異なる 3 点 A, M, B があり,$AM = MB$ が成り立っている.直線 AB に関して M と反対側の弧 AB 上に点 P をとる.円 C_0 に点 P で内接し,弦 AB に接する円を C_1 とし,C_1 と弦 AB との接点を Q とする.このとき

　　点 P のとり方によらず,MP と MQ の積 $MP \cdot MQ$ が一定である

ことを示せ.　　→ p. 122

この問題では 2 点 A, B そのものよりも,直線 AB のみが問題となっています.し

たがって，$A(a)$, $B(b)$ などはあまりうまい座標のおき方ではないと思います．

解答 円 C_0 の方程式が $|z|=1$, M の座標が 1 であるとしてよい．このとき直線 AB の方程式を $\mathrm{Re}(z)=k$ ($k\in\mathbb{R}$) とおける．P の座標を p, 円 C_1 の半径を $1-r$ とおく ($r\in\mathbb{R}$)．

円 C_1 の中心は rp であり，Q の座標は $rp+1-r$ である．Q が直線 AB 上にあることから $r=\dfrac{k-1}{\mathrm{Re}(p)-1}$ を得る．したがって

$$MP\cdot MQ = |1-p|\cdot|rp-r| = |1-p|^2 r = (1-2\mathrm{Re}(p)+1)\cdot\dfrac{k-1}{\mathrm{Re}(p)-1} = 2(1-k)$$

となり，これは p によらないので示された．◆

【2010 APMO 問題 1】
角 BAC が $90°$ でないような三角形 ABC がある．三角形 ABC の外心を O とし，三角形 BOC の外接円を Γ とする．Γ は線分 AB と B 以外の点 P で交わり，線分 AC と C 以外の点 Q で交わっている．線分 ON を Γ の直径とするとき，四角形 $APNQ$ は平行四辺形であることを示せ． → p. 122

三角形 ABC の外接円の方程式を $|z|=1$ とおきたくなりそうですが，よく見ると円 Γ の方が必要な点の多くを通っているので，円 Γ の方程式が簡単になるように座標をおきます．

解答 円 Γ の方程式が $|z|=1$, O の座標が 1 であるとしてよい．N の座標は -1 である．A, B, C の座標を a, b, c とし，P, Q の座標を p, q とする．$OA=OB=OC$ より，$c=\bar{b}=\dfrac{1}{b}$ かつ $|a-1|=|b-1|$ が成り立つ．

$p=\dfrac{b-a}{b\bar{a}-1}$, $q=\dfrac{c-a}{c\bar{a}-1}=\dfrac{1-ab}{\bar{a}-b}$ である (基本計算 6)．示すべき式は，$a+(-1)=p+q$ である．これは $a-1-\dfrac{b-a}{b\bar{a}-1}-\dfrac{1-ab}{\bar{a}-b}=0$ と変形でき，さらに分母を払うと

$$(a-1)(b\bar{a}-1)(\bar{a}-b)-(b-a)(\bar{a}-b)-(1-ab)(b\bar{a}-1)=0$$

となる．この左辺は $(\bar{a}+1)\bigl(b^2+(a\bar{a}-a-\bar{a}-1)b+1\bigr)$ と変形できるが，$|a-1|=|b-1|$ より $a\bar{a}-a-\bar{a}=b\bar{b}-b-\bar{b}=1-b-\dfrac{1}{b}$ なので，

$$(\bar{a}+1)\bigl(b^2+(a\bar{a}-a-\bar{a}-1)b+1\bigr) = (\bar{a}+1)\left(b^2+\left(-b-\dfrac{1}{b}\right)b+1\right) = (\bar{a}+1)\cdot 0 = 0$$

となるので示された．◆

【2009 JMO 本選 問題 4】

三角形 ABC の外接円を Γ とする.点 O を中心とする円が,線分 BC と点 P で接し,Γ の弧 BC のうち A を含まない方と点 Q で接している.$\angle BAO = \angle CAO$ のとき,$\angle PAO = \angle QAO$ であることを示せ. → p. 122

解答 弧 BC の中点のうち,A を含まない弧に関するものを M とする.円 Γ の方程式が $|z|=1$, M の座標が 1 であるとしてよい.Q の座標を q,$OQ = 1-r$ とおく ($r \in \mathbb{R}$).このとき O の座標は rq,P の座標は $rq - (1-r)$ である.

$\angle BAO = \angle CAO$ より,A は直線 MO と円 Γ の M 以外の交点である.よって A の座標は $\dfrac{1-rq}{r\bar{q}-1} = \dfrac{q(1-rq)}{r-q}$ である (基本計算 6).

Q' を座標が $\bar{q} = \dfrac{1}{q}$ である点とする.$\angle PAO = \angle QAO$ は,$Q'P$ が円 Γ と A で交わることと同値であり,したがってこれは $\dfrac{\frac{1}{q} - (rq - (1-r))}{\frac{1}{q}(r-(1-r)) - 1} = \dfrac{q(1-rq)}{r-q}$ と同値である (再び基本計算 6 を用いた).この左辺は

$$\frac{q(1-q(rq-(1-r)))}{(r-q(1-r))-q^2} = \frac{q(1-rq)(q+1)}{(r-q)(q+1)} = \frac{q(1-rq)}{r-q}$$

と変形できるので示された. ◆

【2009 IMO 問題 2】

三角形 ABC の外心を O とする.P, Q はそれぞれ線分 CA, AB 上の端点でない点である.線分 BP, CQ, PQ の中点をそれぞれ K, L, M とし,K, L, M を通る円を Γ とする.Γ と直線 PQ は接しているとする.このとき,$OP = OQ$ を示せ. → p. 122

解答 三角形 ABC の外接円の方程式が $|z|=1$,A の座標が 1 であるとしてよい.P, Q の座標を p, q とおく.B, C, K, L, M の座標を b, c, k, l, m とおく.$k = \dfrac{b+p}{2}, l = \dfrac{c+q}{2}, m = \dfrac{p+q}{2}$ である.円 Γ と直線 PQ が接することから次を得る (接弦定理):

$$\frac{q-m}{k-m} \div \frac{m-l}{k-l} \in \mathbb{R} \iff \frac{q-p}{b-q} \div \frac{p-c}{b+p-c-q} \in \mathbb{R}.$$

さらに $b-q, p-c$ はそれぞれ $q-1, p-1$ の実数倍なので,

$$\frac{(p-q)(b+p-c-q)}{(p-1)(q-1)} \in \mathbb{R}$$

が成り立つ．$X = p\bar{p}$, $Y = q\bar{q}$ とおく．$b = \dfrac{1-q}{\bar{q}-1}$（基本計算 6）より $b - q = \dfrac{1-Y}{\bar{q}-1}$ であり，同様に $c - p = \dfrac{1-X}{\bar{p}-1}$ となるので，

$$\frac{(p-q)\left(\frac{1-Y}{\bar{q}-1} - \frac{1-X}{\bar{p}-1}\right)}{(\bar{p}-1)(\bar{q}-1)} \in \mathbb{R}$$

を得る．さらに $|p-1|^2|q-1|^2$ をかけて整理することで

$$(p-q)\big((\bar{p}-1)(1-Y) - (\bar{q}-1)(1-X)\big) \in \mathbb{R}$$
$$\iff (p-q)\big(\bar{p}-\bar{q} + (1-\bar{p})Y - (1-\bar{q})X\big) \in \mathbb{R}$$
$$\iff (p-q)\big((1-\bar{p})Y - (1-\bar{q})X\big) \in \mathbb{R}$$
$$\iff (p-q)\big((1-\bar{p})Y - (1-\bar{q})X\big) = (\bar{p}-\bar{q})\big((1-p)Y - (1-q)X\big)$$
$$\iff \big((p-q)(1-\bar{p}) - (\bar{p}-\bar{q})(1-p)\big)(X - Y) = 0$$

となる．示したい式は $X = Y$ である．これが成り立たないとすると，$(p-q)(1-\bar{p}) - (\bar{p}-\bar{q})(1-p) = 0$ より $\dfrac{p-q}{1-p} \in \mathbb{R}$ となるが，これは A, P, Q が同一直線上にあることを意味しており，B と C が相異なる点であることに矛盾する．したがって $X = Y$ つまり $OP = OQ$ が示された． ◆

> **注意** 結論の式は $p\bar{p} = q\bar{q}$ になるはずなので，$p\bar{p}$ や $q\bar{q}$ を早い段階で新しい文字におき直しています．

【2006 APMO 問題 4】
　円 O の周上に異なる 2 点 A, B をとり，線分 AB の中点を P とする．線分 AB と P で接し，かつ円 O とも接するような円のうち，1 つを O_1 とする．点 A から円 O_1 へ直線 AB とは異なる接線をひき，それを直線 l とする．直線 l と円 O の交点のうち，点 A とは異なるものを点 C とする．線分 BC の中点を Q とする．線分 BC と点 Q で接し，かつ線分 AC とも接するような円を O_2 とする．このとき，円 O と円 O_2 が接することを示せ． → p. 123

問題文の順番に計算していくと，計算の手順が多くてかなり厳しそうですが，よく見ると対称性があります．つまり「B, A, C にとっての円 O_1」と「B, C, A にとっての円 O_2」が同じ関係になっています．したがって，B, A, C の座標を文字でおいて，問題文のように

- 1つの辺と中点で接し, 別の辺と接し, 円 O とも接する

という円の存在条件を調べます. これが a, c について対称的になっていればよいという手順です. 接する円を調べるときには「弧の中点」があると便利なので, p. 117 でも扱ったおき方を使っていきます.

解答 弧 AB の中点のうち, C を含まない弧に関するもの M とし, C を含む弧に関するものを M' とする. 同様に弧 BC の中点のうち, A を含まない弧に関するもの N とし, A を含む弧に関するものを N' とする. 円 O の方程式を $|z| = 1$, B の座標を 1 としてよい. M の座標を a, N の座標を c とおけば, $A(a^2)$, $M'(-a)$, $C(c^2)$, $N'(-c)$ である.

円 O_1 は直線 AB に P で接し, 円 O にも接する円のうち直線 AB に関して C と同じ側にあるので, 円 O_1 は線分 PM' を直径とする円である. よって円 O_1 の中心は線分 PM' の中点なので, その座標は $\dfrac{1}{2}\left(\dfrac{a^2+1}{2} + (-a)\right) = \dfrac{a^2-2a+1}{4}$ である. さらに円 O_1 が直線 AC にも接していることから, 円 O_1 の中心は直線 AN 上にあることがわかる. 直線 AN の方程式は $z + a^2 c\bar{z} = a^2 + c$ なので (基本計算 1),

$$\frac{a^2-2a+1}{4} + a^2 c \cdot \frac{\frac{1}{a^2} - \frac{2}{a} + 1}{4} = a^2 + c$$

を得る. さらにこの式は $(a+1)(ac-3a-3c+1) = 0$ と同値変形でき, A と B が相異なることから $a+1 \neq 0$ なので $ac - 3a - 3c + 1 = 0$ である.

直線 BC に Q で接し, 円 O にも接する円のうち直線 BC に関して A と同じ側にあるものを円 O_2' とする. これが円 O_2 と一致することを示せばよく, そのためには円 O_2' が直線 AB と接していることを示せばよい. この条件は円 O_1 に行った考察と同様に

$$(c+1)(ac - 3c - 3a + 1) = 0$$

と同値であり, $ac - 3a - 3c + 1 = 0$ よりこの式は成り立つ. ◆

【2010 春合宿 問題 5】

円に内接する四角形 $ABCD$ において, 直線 AC と BD が点 E で, AD と BC が点 F で交わっているとする. 線分 AB, CD の中点をそれぞれ G, H とする. このとき, E, G, H を通る円は直線 EF に点 E で接することを示せ. → p. 123

計算では (特に直交座標では) かなり解きにくいタイプの問題です. 複素座標でも, 示すべき等式は結構複雑になりますが,

- A と B が一致するならば E, F, G は一致する.

- C と D が一致するならば E, F, H は一致する．

ということに注意すると，実は複雑な項のほとんどは因数分解され，簡単な等式証明に帰着されます．

解答 四角形 $ABCD$ の外接円の方程式が $|z|=1$ であるとしてよい．A, B, C, D の座標をそれぞれ a, b, c, d とおく．E, F, G, H の座標を e, f, g, h とおく．

$$e = \frac{\frac{1}{a}+\frac{1}{c}-\frac{1}{b}-\frac{1}{d}}{\frac{1}{ac}-\frac{1}{bd}}, \quad f = \frac{\frac{1}{a}+\frac{1}{d}-\frac{1}{b}-\frac{1}{c}}{\frac{1}{ad}-\frac{1}{bc}}, \quad g = \frac{a+b}{2}, \quad h = \frac{c+d}{2}$$

である (e, f については基本計算5を用いた)．E, G, H を通る円が直線 EF に点 E で接することを示すには，

$$\frac{g-h}{e-h} \div \frac{e-g}{f-e} \in \mathbb{R}$$

を示せばよい (接弦定理の逆)．ここで次のような計算ができる[*10]．

$$g-h = \frac{a+b-c-d}{2}, \qquad e-h = \frac{(c-d)(2ab-ac-bd)}{2(ac-bd)},$$

$$e-g = \frac{(a-b)(2cd-ac-bd)}{2(ac-bd)}, \quad f-e = \frac{(a-b)(c-d)(acd+bcd-abc-abd)}{(ad-bc)(ac-bd)}.$$

したがって

$$\frac{g-h}{\overline{g}-\overline{h}} = \frac{a+b-c-d}{\frac{1}{a}+\frac{1}{b}-\frac{1}{c}-\frac{1}{d}}, \qquad \frac{e-h}{\overline{e}-\overline{h}} = cd \cdot \frac{2ab-ac-bd}{2cd-ac-bd},$$

$$\frac{e-g}{\overline{e}-\overline{g}} = ab \cdot \frac{2cd-ac-bd}{2ab-ac-bd}, \qquad \frac{f-e}{\overline{f}-\overline{e}} = \frac{bcd+acd-abd-abc}{a+b-c-d}$$

となるので

$$\frac{e-h}{\overline{e}-\overline{h}} \cdot \frac{e-g}{\overline{e}-\overline{g}} = \frac{f-e}{\overline{f}-\overline{e}} \cdot \frac{g-h}{\overline{g}-\overline{h}}$$

がわかる (両辺ともに $abcd$ である)．これは $\dfrac{g-h}{e-h} \div \dfrac{e-g}{f-e} \in \mathbb{R}$ と同値なので示された． ◆

[*10] $e-h$ からは $c-d$ という因数が，$e-g$ からは $a-b$ という因数が，$f-e$ からは $(a-b)(c-d)$ という因数がくくりだせることが，計算せずとも解答前に述べたことよりわかります．また，対称性より $e-h$ の式と $e-g$ の式は a と c, b と d を入れ替えたものになるので，これらについては片方だけ計算すれば十分です．

5.5 練習問題の解答　　　　　　　　　　　　　　　　　　　　137

【2005 JMO 本選 問題 4】
　円 Γ 上の 2 点 A, B に対し，A での接線と B での接線は点 X で交わり，Γ 上の 2 点 C, D に対し，C, D, X はこの順に一直線上にあるとする．直線 CA と直線 BD が点 F で直交するとき，CD と AB の交点を G とし，GX の垂直二等分線と BD の交点を H とする．このとき，4 点 X, F, G, H は同一円周上にあることを示せ．

→ p. 123

　A, B, C, D の座標を文字でおき関係式を整理し，その後で必要な点の座標を計算するという方針になるでしょう．しかし，あまり安直な方法だと，H の座標や，あるいは 4 点が同一円周上にある条件の計算に到達する頃にはかなり式が複雑になることが予想されます．対称性も使いやすそうなものがあまりありません．

　そこで以下の解答では，まず同一円周上になるべき 4 点のうち 3 点が二等辺三角形をなしていることに注目して，結論となるべきことを言い換えています．具体的には X, F, G, H が同一円周上にあるならば直線 FH（したがって直線 FB）は $\angle XFG$ の二等分線になることがわかるので，この逆を辿ることにより，直線 FB が $\angle XFG$ の二等分線ならば X, F, G, H が同一円周上にあることがわかります．

　このようにかなり計算が大変になりそうな場合には，最初に少し初等幾何的な考察（特に，結論から辿って言い換えをすることが多い）をするというのは有効だと思います．そうしているうちに初等幾何的に解けてしまうということもあるかもしれません．

解答　　まず，直線 FB が $\angle XFG$ の二等分線ならば X, F, G, H は同一円周上にあることを示す．三角形 FGX の外接円と直線 FB の F 以外の交点を H' とすると，円周角の定理より三角形 $H'GX$ は $H'G = H'X$ なる二等辺三角形であることがわかる．よって H' は GX の垂直二等分線上かつ直線 FB 上にあるので $H' = H$ となり，X, F, G, H が同一円周上であることがわかる．

　したがって直線 FB が $\angle XFG$ の二等分線であることを示せばよい．円 Γ の方程式を $|z| = 1$ とし，A, B, C, D, F, G, X の座標を a, b, c, d, f, g, x とすると，示すべきことは
$$\frac{(x-f)(g-f)}{(b-f)^2} \in \mathbb{R}$$
と言い換えられる．

　さて，$b = 1$ であるとしても一般性を失わない．x, f, g は
$$x = \frac{2a}{a+1}, \qquad f = \frac{\frac{1}{a} + \frac{1}{c} - 1 - \frac{1}{d}}{\frac{1}{ac} - \frac{1}{d}}, \qquad g = \frac{\frac{1}{a} + 1 - \frac{1}{c} - \frac{1}{d}}{\frac{1}{a} - \frac{1}{cd}}$$

と書ける (基本計算 4 および基本計算 5).

まずは a, c, d の関係式を整理しよう. 直線 AC と直線 BD が直交することより,
$$\frac{a-c}{1-d} \in \mathbb{R}i \iff (a-c)(1-\overline{d}) + (\overline{a}-\overline{c})(1-d) = 0 \iff ac+d = 0$$
が成り立つ. よって $d = -ac$ である. また, 直線 CD 上に X があることから
$$x + cd\overline{x} = c + d \iff \frac{2a}{a+1} + cd\frac{2}{a+1} = c + d$$
がわかる (基本計算 1 を用いた). さらに $d = -ac$ よりこの条件は
$$a^2c - 2ac^2 + 2a - c = 0$$
と変形できる. これらを用いて $\dfrac{(x-f)(g-f)}{(b-f)^2} \in \mathbb{R}$ を示そう.

まず, $d = -ac$ より f と g は
$$f = \frac{\frac{1}{a} + \frac{1}{c} - 1 + \frac{1}{ac}}{\frac{1}{ac} + \frac{1}{ac}} = \frac{-(ac - a - c - 1)}{2},$$
$$g = \frac{\frac{1}{a} + 1 - \frac{1}{c} + \frac{1}{ac}}{\frac{1}{a} + \frac{1}{ac^2}} = \frac{c(ac - a + c + 1)}{c^2 + 1}$$
となる. さらに $x - f, g - f, b - f$ を計算すると次のようになる[*11]:
$$x - f = \frac{(a-1)(ac-a+c+1)}{2(a+1)}, \quad g - f = \frac{(c+1)(c-1)(ac+a-c+1)}{2(c^2+1)},$$
$$b - f = \frac{(a-1)(c-1)}{2}.$$
したがって
$$\frac{x-f}{\overline{x}-\overline{f}} = \frac{-(ac-a+c+1)}{\left(\frac{1}{ac} - \frac{1}{a} + \frac{1}{c} + 1\right)} = \frac{-ac(ac-a+c+1)}{ac+a-c+1},$$
$$\frac{g-f}{\overline{g}-\overline{f}} = \frac{c \cdot (-c) \cdot (ac+a-c+1)}{c^2\left(\frac{1}{ac} + \frac{1}{a} - \frac{1}{c} + 1\right)} = \frac{-ac(ac+a-c+1)}{(ac-a+c+1)},$$
$$\frac{b-f}{\overline{b}-\overline{f}} = ac$$
となる. よって
$$\frac{x-f}{\overline{x}-\overline{f}} \cdot \frac{g-f}{\overline{g}-\overline{f}} = \left(\frac{b-f}{\overline{b}-\overline{f}}\right)^2$$
が得られ, これは $\dfrac{(x-f)(g-f)}{(b-f)^2} \in \mathbb{R}$ と同値なので示された. ◆

[*11] 2010 年 春合宿 問題 5 (→ p. 135) のときと同様に, A または C と B が一致するならば $b = f$ となること, A と D または B と C が一致するならば $f = g$ となることなどから因数分解の形を予想したうえで式変形をするとよいでしょう.

注意 　計算をはじめる前の想定では，示すべき等式は a, c で表され，それを $a^2c - 2ac^2 + 2a - c = 0$ を用いて証明することになると思っていたのですが，実際には $a^2c - 2ac^2 + 2a - c = 0$ を用いる必要はありませんでした．このことから，C, D, X が同一直線上に並ぶという条件は (X, F, G, H が同一円周上にあることを示すためには必要だけれども) 直線 FB が $\angle XFG$ の二等分線になることの証明には不要だということがわかります．

Column　IMO 日本代表選手の感想

　今年は例年よりずいぶん簡単でボーダーが高かった．しかし，簡単であったことを含めても，今年の日本はかなりいい出来だったと思う．終わったときは，日本が 5 位くらいに行けるかと思ったが，結局最高記録タイの 8 位だったのは残念だった．僕個人としては今回の試験は少し悔いの残る出来だった (かなり簡単な 1, 2, 4 は解けたが，実はそんなに難しくなかった 6 を解けなかった)．今回 4 位〜10 位がかなり僅差だったので，来年は金をとって国際順位も 5 位ぐらいにしたい．

　試験後はいろいろな国と交流することができた．サッカーが普段は嫌いな僕でも，韓国やラトビアとサッカーをしたときは楽しく感じられた．他にもトランプをしたり，パーティのときに一緒に踊ったりと，楽しいときが多かった．ただ英語力の不足を痛切に感じた．どうにか会話はできたが，うまく意思を伝えられないこともよくあった．今年会った人の中で来年も来れるという人が何人かいたので，来年がとても楽しみだ．

　世界各国から数学好きが集まって，一緒になって遊んだり騒いだりできるなんていう機会は，一生の中でも IMO だけだと思う．行く前に想像していたよりずっと楽しかった．僕は来年が最後のチャンスになるので，ぜひ参加して，コンテストも国際交流も精一杯やりたいと思う．

【栗林　司 (2004 IMO ギリシャ大会銀メダル，2005 IMO メキシコ大会金メダル) 筑波大学附属駒場高等学校 2 年，2004 IMO ギリシャ大会日本代表時の感想】

6 整数論

整数論の問題を解くにあたって頭に入れておくべき方針をかなりおおまかに分けると，

- 素因数，約数をとって考える．
- mod で考える．
- 不等式評価．

の 3 つです．第 1 の方針は，任意の約数，素因数をとることによって何かを示したり，最小，最大の素因数に注目することで素因数を絞り込んだりすることが多いです．最大公約数，最小公倍数を考えることもこの方針に含まれます．第 2 の方針はあらゆるところで使われます．むしろこれを使わない問題はほとんどないというくらいでしょう．第 3 の方針も多くの場面で用いられます．特に，ある条件 (方程式や，ある式が整数になるなど) をみたす整数をすべて求める問題などでは，範囲を有限に絞り込むために使われることが多いです．

また，IMO レベルの問題になればどの分野でもそうだとは思いますが，整数論の問題は上に挙げた方針単独だけで解けるということは少なく，上の 3 つを複合させて解くことが多いです．逆に，上の方針のどれか 1 つにこだわりすぎてしまうと解けなくなるということも起こりがちなので，悩んだら別の方針に移ることを検討してみましょう．

また，技巧的な式変形や，不等式評価において解析的な技術を使うこともありますし，見た目は整数論でも一番難しいところは本質的には組合せ論ということもあります．いわゆる整数論的なアプローチに捉われず，柔軟に考えましょう．

以下では，主に第 1, 2 の方針において役に立つ定理などを紹介していきます．ほとんどの事実を証明なしで紹介するので，証明を知らない人は考えてみるといいかもしれません (一部を除いてそれほど難しいものではありません)．考えてもわからないものがあれば，数学オリンピック関係の参考書 (『数学オリンピック事典』など) や整数論の専門書 (高木貞治『初等整数論講義』など) で証明を確認してみるとよいでしょう．また，以下で特に注釈なしで述べた名前のついた事実は，試験で名前を挙げて使用すれば証明なしでも答められることはありません．積極的に使っていきましょう．

6.1 Euclid の互除法

IMO レベルの問題になると，Euclid の互除法をそのまま使える問題というのはまずないですが，そのアイデアは重要です．

[定理]
　$a, b, k \in \mathbb{Z}$ のとき，
$$\gcd(a - kb, b) = \gcd(a, b).$$
ただし，整数 x, y の最大公約数を $\gcd(x, y)$ と書いた．

Euclid の互除法を用いて示される代表的な結果として次があります．

[定理]
　a, b, c を $(a, b) \neq (0, 0)$ なる整数，$d = \gcd(a, b)$ とするとき，
$$ax + by = c$$
に整数解 (x, y) が存在するための必要十分条件は $d \mid c$ である．

$a \mid b$ は「整数 a が整数 b を割りきる」という意味の記号で，よく使われます．
この定理の系 (定理から簡単にでる帰結) として，次が得られます．

[系]
　$m \in \mathbb{N}, a, b \in \mathbb{Z}, d = \gcd(m, a)$ とするとき，
$$ax + b \equiv 0 \pmod{m}$$
という 1 次合同式は，$d \nmid b$ のとき解をもたず，$d \mid b$ のときは $(\bmod\, m$ において$)$ 解を d 個もつ．

これにより，a, m が互いに素なとき，$ax \equiv 1 \pmod{m}$ なる x が $\bmod\, m$ で一意的に存在することがわかります．この x のことを，$\bmod\, m$ における a の逆元といいます．

$\mod m$ で考えていることが明らかな場合，単に a の逆元ということもあります．

6.2　中国剰余定理

[定理] (中国剰余定理)
　$m_1, m_2, \ldots, m_k$ をどの 2 つも互いに素な正の整数とし，$x_1, x_2, \ldots, x_k$ を整数とする．$m = m_1 m_2 \cdots m_k$ とするとき，連立合同式
$$\begin{cases} x \equiv x_1 \pmod{m_1} \\ x \equiv x_2 \pmod{m_2} \\ \cdots\cdots \\ x \equiv x_k \pmod{m_k} \end{cases}$$
は $\mod m$ においてただ 1 つ解をもつ．

　この定理はメインアイデアではなく補佐的な役目ではありますが，よく使われ重要です．一般の整数の場合から素数べきの場合に帰着するときなどに使うことが多いです．証明は前節の定理を使って帰納法で示すのが一般的です．
　中国剰余定理が有効に使われる問題例を 1 つ挙げておきます．

【1983 IMO 問題 3】
　a, b, c は正の整数で，どの 2 つも互いに素であるとする．このとき $2abc - ab - bc - ca$ は $xbc + yca + zab$ （ただし x, y, z は非負整数）という形に表せない最大の整数であることを示せ．
　　　　　　　　　　　　　　　　　　　　　　　　　　　解答 → p. 163

6.3　Fermat の小定理, Euler の定理

[定理] (Fermat の小定理)
　p を素数, a を p で割りきれない整数とするとき,
$$a^{p-1} \equiv 1 \pmod{p}$$
が成り立つ.

証明は $a, 2a, \ldots, (p-1)a$ がどの 2 つも $\bmod p$ で合同にならないということを使うのが一般的です. これを応用することで次の Euler の定理も示されます.

[定理] (Euler の定理)
　m を正の整数, a を m と互いに素な整数とするとき,
$$a^{\varphi(m)} \equiv 1 \pmod{m}$$
が成り立つ. ただし $\varphi(m)$ とは, 1 以上 m 以下で m と互いに素な整数の個数を表したもので, **Euler 関数**などと呼ばれる.

注意　$m = p_1^{e_1} p_2^{e_2} \cdots p_k^{e_k}$ (p_i は相異なる素数, $e_i \in \mathbb{N}$) と素因数分解されたとすると,
$$\varphi(m) = (p_1 - 1)(p_2 - 1) \cdots (p_k - 1) p_1^{e_1 - 1} p_2^{e_2 - 1} \cdots p_k^{e_k - 1}$$
となる. 特に, 素数 p に対して $\varphi(p) = p - 1$ なので, Euler の定理は Fermat の小定理の拡張になっている.

簡単な例題として次を挙げておきます.

【2005 IMO 問題 4】
　数列 $a_1, a_2, \ldots$ を
$$a_n = 2^n + 3^n + 6^n - 1 \ (n = 1, 2, \ldots)$$
で定める. この数列のどの項とも互いに素であるような正の整数をすべて決定せよ.

解答 → p. 163

6.4 位数

Fermat の小定理, Euler の定理のおかげで $\mod m$ の世界において累乗が周期的であることがわかりますが, それについてさらに詳細な結果がわかっています. そのために, まず位数という言葉を導入します.

[定義] (位数)
　m を正の整数, a を m と互いに素な整数とするとき,
$$a^d \equiv 1 \pmod{m}$$
となる最小の正の整数 d を $\mod m$ での a の **位数** という.

$\mod m$ で考えているのが明らかな場合には単に a の位数ということもあります. Euler の定理によってこのような d の存在は保証されていて, $d \leqq \varphi(m)$ であることもわかります. 位数に関する基本的な性質として次が成り立ちます.

[定理]
　d を $\mod m$ での a の位数, e を正の整数とするとき, $a^e \equiv 1 \pmod{m}$ ならば $d \mid e$.

証明 $e = sd + t$ $(s, t \in \mathbb{Z}, 0 \leqq t < d)$ とする. $a^e \equiv (a^d)^s \times a^t \equiv a^t \pmod{m}$ であるので, $a^t \equiv 1 \pmod{m}$. d の最小性より $t = 0$ であり, よって $d \mid e$. ◆

注意 これは有名な事実ではありますが, 特に名前はついていないので, 答案で用いる場合は証明をつけておくのが無難でしょう.

これの系として, $d \mid \varphi(m)$ がわかります. また, 次も得られます.

[系]
　a を 2 以上の整数とするとき, $a^m - 1 \mid a^n - 1$ と $m \mid n$ は同値.

証明 $\mod(a^m - 1)$ における a の位数は m. よって $a^m - 1 \mid a^n - 1$, つまり $a^n \equiv 1 \pmod{a^m - 1}$ ならば $m \mid n$. ◆

注意 a が -3 以下の整数の場合も同じ主張が成り立つが, $a = -2, -1, 0, 1$ の場合には成り立たない ($a = -2, m = 2, n = 3$ など).

$a^m - 1 \mid a^n - 1$ のときは

$$\frac{x^k - 1}{x - 1} = 1 + x + \cdots + x^{k-1}$$

のように商が具体的に級数の形で書けます. あとで素数 p についてのオーダーのところでも扱いますが, 数学オリンピックの問題では $a^n - 1$ のような数がでてくるものが多く, これは比較的重要な事実です.

6.5 原 始 根

Euler の定理より $\mod m$ での位数は $\varphi(m)$ 以下であることはわかりますが, 実際に位数が $\varphi(m)$ である数が存在するかどうかはわかりません. この節ではこれに関連したことを考えていきます.

素数の場合

m が素数の場合, 次の定理が知られています.

[定理] (原始根の存在)
　$\mod p$ で位数 $p - 1$ の整数が存在する. このような整数を, $\mod p$ における**原始根**という.

この定理の証明は今までのものに比べると少し大変ですが, 省略します. 試験においては, 「$\mod p$ における原始根をとってくる」などと断りなしに使用してしまってかまいません.

$\mod p$ における原始根を 1 つとり r とすると, $1, r, r^2, \ldots, r^{p-2}$ は $\mod p$ で見たときどれも 0 でなく, どの 2 つも相異なるので $1, 2, \ldots, p - 1$ の並べ替えになっています. また, k を $p - 1$ と互いに素な整数とした場合, r^k も $\mod p$ における原始根となるので, 原始根のとり方は $\mod p$ においても一意ではありません ($\varphi(p - 1)$ 通りあります).

これはかなり強力な定理で, 最近の IMO ではさすがにまずないですが, 他国の国内予選の問題などでは原始根をとることによって簡単に解けてしまう問題も存在します.

【例題】
i を $p-1 \nmid i$ なる正の整数とするとき,
$$1^i + 2^i + \cdots + (p-1)^i \equiv 0 \pmod{p}$$
を示せ.

解答 原始根 r をとれば, $1^i + 2^i + \cdots + (p-1)^i \equiv 1 + r^i + r^{2i} + \cdots + r^{(p-2)i}$ と書ける.
$$(1-r^i)(1+r^i+r^{2i}+\cdots+r^{(p-2)i}) = 1 - r^{(p-1)i} \equiv 0 \pmod{p}$$
であり, $p-1 \nmid i$ から $p \nmid 1 - r^i$ なので,
$$1 + r^i + r^{2i} + \cdots + r^{(p-2)i} \equiv 0 \pmod{p}.$$

◆

一般の場合

次に m が一般の場合について考えますが, 中国剰余定理より, m が素数べきの場合に調べれば十分であることに注意しましょう. こちらはあまり数学オリンピック関係の書物では見かけませんが, 実は素数の場合だけでなく素数べきの場合にも原始根の存在定理と類似の結果が成り立ちます.

[定理]
(a) p を奇素数, k を正の整数とするとき, $\bmod p^k$ での位数が $\varphi(p^k) = p^{k-1}(p-1)$ となる整数が存在する.
(b) k を 3 以上の整数とするとき, 5 の $\bmod 2^k$ での位数は $\frac{1}{2}\varphi(2^k) = 2^{k-2}$ であり, これが最大の位数である. 任意の奇数は $\bmod 2^k$ において $(-1)^s 5^t$ ($s = 0, 1, t = 0, 1, \ldots, 2^{k-2} - 1$) という形で書ける.

証明 (a) r を $\bmod p$ での原始根とし, $r^{p-1} = 1 + mp$ とする. 必要ならば r を $r + p$ におきかえることで, m を p で割りきれないとしてよい (二項定理より $(r+p)^{p-1} \equiv r^{p-1} + r^{p-2}p(p-1) \equiv 1 + (m + r^{p-2}(p-1))p \pmod{p^2}$ と

なるので).

l に関する数学的帰納法で, $(1+mp)^{p^l} = 1 + m_l p^{l+1}$ (m_l は p で割りきれない整数) と書けることを示す. $l=0$ のときはよい. l のとき成り立ったとして, $l+1$ のときを示す. このとき二項定理より,

$$(1+mp)^{p^{l+1}} = \left(1 + m_l p^{l+1}\right)^p \equiv 1 + m_l p^{l+2} \pmod{p^{l+3}}$$

なので, p で割りきれない整数 m_{l+1} を使って $(1+mp)^{p^{l+1}} = 1 + m_{l+1} p^{l+2}$ と書ける.

これより, $1+mp$ の $\bmod\, p^k$ における位数を d とすると $d \mid p^{k-1}$ であり $d \nmid p^{k-2}$ なので, $d = p^{k-1}$.

r は $\bmod\, p$ での原始根だったので, r の $\bmod\, p^k$ における位数は $p-1$ の倍数. よって r の $\bmod\, p^k$ における位数は $r^{p-1} = 1 + mp$ の $\bmod\, p^k$ における位数の $p-1$ 倍, すなわち $p^{k-1}(p-1)$ である. よって示された.

(b) 大部分の方針は上の場合と同様である. e を 2 以上の整数, m を奇数としたとき奇数 m' を使って $(1+2^e m)^2 = 1 + 2^{e+1} m'$ とかける. $5 = 1 + 2^2$ より, 5 の位数は 2^{k-2}. 任意の奇数は 2 乗すると $\bmod 8$ で 1 となるので, $\bmod\, 2^k$ における位数は 2^{k-2} 以下. よって 2^{k-2} が最大の位数. また $1, 5, 5^2, \ldots, 5^{2^{k-2}-1}$ はすべて $\bmod 4$ で 1 なので, $(-1)^s 5^t$ ($s = 0, 1, t = 0, 1, \ldots, 2^{k-2}-1$) は $\bmod\, 2^k$ においてすべて異なる. よって示された. ◆

注意 「原始根」という言葉は素数べきの場合にはあまり用いられないので, $k \geq 2$ のときに「$\bmod\, p^k$ での原始根をとる」といっても通じないと思っておいたほうがいいでしょう. また, この定理には特に名前がついていないので, 使いたいときはきちんと主張を書いて証明したあとに使いましょう.

このように, 奇素数のべきの場合には原始根のようなものが存在し, 2 べきの場合にもその半分の位数をもつものが存在したわけですが, 一般の場合にはそこまで事情は単純ではありません. 中国剰余定理を使って少し考えればわかりますが, 一般の場合位数としてありうる最大のものは, m を相異なる素数のべきに分解し, それぞれについて最大の位数をとってそれらの最小公倍数をとったものです. $k \geq 3$ のとき $\varphi(k)$ が偶数になることからも簡単にわかるように位数 $\varphi(m)$ の数が存在するのは 4, 奇素数べき, 奇素数べきの 2 倍の場合のみで, 一般には $\varphi(m)$ よりかなり (半分どころではなく) 小さくなります.

しかし, 原始根のようなものが存在しないからといってよくわからないわけではなく, m と互いに素な整数全体が $\bmod\, m$ における積に関してどのような構造をしてい

るかは，素数べきの場合について十分わかっているので一般の場合にもよくわかります．詳しく知っている人は，$\mathbb{Z}/m\mathbb{Z}$ の単元群がどのようなものか具体的に書いてみるとよいでしょう．

数学オリンピックにおける例題を 1 つ挙げておきましょう．

【2001 春合宿 問題 1】

以下の条件をみたす 2 以上の整数 n をすべて求めよ．

n と互いに素な任意の整数 a, b に対して，$a \equiv b \pmod{n}$ と $ab \equiv 1 \pmod{n}$ は同値である．　　　　　　　　　　　　　　　　解答 → p. 164

今までの結果があれば，この問題はすぐに解けるでしょう．実際のところ，この問題は今までの結果を使わずとも比較的簡単に解けるのですが，この節の内容を知っていることでより簡単で確実に（答案に証明を書く手間はかかってしまったりしますが）解くことができます．

6.6　平方剰余

[定義]（平方剰余）

p を素数，a を p で割りきれない整数とする．
$x^2 \equiv a \pmod{p}$ なる整数 x が存在するとき $\bmod\, p$ で a は平方剰余であるといい，$\left(\dfrac{a}{p}\right) = 1$ と書く．

存在しないとき $\bmod\, p$ で a は平方非剰余であるといい，$\left(\dfrac{a}{p}\right) = -1$ と書く．

この記号 $\left(\dfrac{a}{p}\right)$ を **Legendre** 記号という．

---

p を奇素数，r を $\bmod\, p$ における原始根としたとき，$\bmod\, p$ で平方剰余であるのは $1, r^2, r^4, \ldots, r^{p-1}$ で，平方非剰余であるのは $r, r^3, \ldots, r^{p-2}$ であることがわかります．つまり，ちょうど半分の数が平方剰余になっているわけです．

原始根を使えば簡単にわかる基本的な性質として，次が成り立ちます．a, b を p で割りきれない整数とすると，

6.6 平方剰余

$$\left(\frac{ab}{p}\right) = \left(\frac{a}{p}\right)\left(\frac{b}{p}\right).$$

平方剰余に関する重要な定理として次が成り立ちます．

[定理] (平方剰余の相互法則)

p, q を相異なる奇素数とするとき，次が成り立つ．

$$\left(\frac{-1}{p}\right) = (-1)^{\frac{p-1}{2}} \qquad \text{(平方剰余の第一補充則)}$$

$$\left(\frac{2}{p}\right) = (-1)^{\frac{p^2-1}{8}} \qquad \text{(平方剰余の第二補充則)}$$

$$\left(\frac{q}{p}\right)\left(\frac{p}{q}\right) = (-1)^{\frac{p-1}{2}\frac{q-1}{2}} \qquad \text{(平方剰余の相互法則)}$$

第一補充則は原始根の存在からすぐに示すことができますが，残りの証明 (特に相互法則) は簡単ではありません．これを使うと素数 mod において平方剰余かどうかを機械的に判断することができるようになります．

例

$$\begin{aligned}
\left(\frac{17}{23}\right) &= \left(\frac{23}{17}\right) & \text{(相互法則)} \\
&= \left(\frac{6}{17}\right) & (23 \equiv 6 \pmod{17}) \\
&= \left(\frac{2}{17}\right)\left(\frac{3}{17}\right) & (6 = 2 \cdot 3) \\
&= 1 \times \left(\frac{3}{17}\right) & \text{(第二補充則)} \\
&= \left(\frac{17}{3}\right) & \text{(相互法則)} \\
&= \left(\frac{-1}{3}\right) & (17 \equiv -1 \pmod{3}) \\
&= -1 & \text{(第一補充則)}
\end{aligned}$$

より，mod 23 において，17 は平方非剰余であることがわかる．

数学オリンピックの問題においては，第一補充則は有用なことがしばしばあります．

たとえば次の問題は第一補充則をまったく知らないのと知っているのとではだいぶ難易度が違って感じられたでしょう．

【2008 IMO 問題 3】

次の条件をみたす正の整数 n が無数に存在することを示せ．

条件：n^2+1 は $2n+\sqrt{2n}$ より大きい素因数をもつ．　　解答 → p. 165

以下の問題も，第一補充則を知っていることによってだいぶ解きやすくなるでしょう．

【2003 春合宿 問題 8】

次の式をみたす整数 d, m, n, k の組をすべて決定せよ．

$$(6d-1)^m + (3d+4)^n = k^2$$

解答 → p. 166

【1999 SLP N3】

b_n^2+1 が $a_n(a_n+1)$ の倍数となるような，正の整数からなる狭義単調増加数列 $\{a_n\}_{n\in\mathbb{N}}$ と $\{b_n\}_{n\in\mathbb{N}}$ が存在することを示せ．　　解答 → p. 167

第二補充則，相互法則は数学オリンピックの問題では有効に使われることは滅多にありませんが，たとえば問題を解く過程で具体的な数値を入れて実験しているとき，具体的な数について平方剰余かどうかを確かめるときなどには有用です．p が大きくなってしまうと，$\bmod p$ で平方剰余かどうかを地道に調べると，$\dfrac{p-1}{2}$ 個の平方数を計算することになってしまうので．

6.7 素数 p についてのオーダー

[定義]

   0 でない整数 n と素数 p に対して, 次をみたす非負整数 d が存在する.

   n は p^d では割りきれるが, p^{d+1} では割りきれない.

この d のことを素数 p に関する n のオーダーといい, $\mathrm{ord}_p n$ と書く.

たとえば, $\bmod p$ で見るだけでは両辺とも 0 になって何も情報が得られないときなどにオーダーを見ると有効なことがあります. 素因数分解を考えるときにも有効です.
ord の性質として次が成り立つことが簡単にわかります.

- $\mathrm{ord}_p(mn) = \mathrm{ord}_p m + \mathrm{ord}_p n$.
- $\mathrm{ord}_p(m+n) \geqq \min\{\mathrm{ord}_p m, \mathrm{ord}_p n\}$ ($\mathrm{ord}_p m \neq \mathrm{ord}_p n$ のとき等号成立).

✳ $x^n - y^n$ のオーダー

数学オリンピックでは $x^n - y^n$ の形の数のオーダーを評価する場面が多く見られます. 特に $y = 1$ とした $x^n - 1$ が多いです. これについて解説します.

[定理]

   p を奇素数とする. x, y を $p \mid (x-y)$ であるが両方とも p の倍数ではない整数とする. このとき, 正の整数 n に対して,

$$\mathrm{ord}_p(x^n - y^n) = \mathrm{ord}_p(x - y) + \mathrm{ord}_p n$$

が成り立つ.

証明 n が p で割りきれないときと $n = p$ のときについて示せば十分.
- n が p で割りきれないとき.

$$x^n - y^n = (x-y)(x^{n-1} + x^{n-2}y + \cdots + y^{n-1})$$

と因数分解され, $x \equiv y \pmod{p}$ より,

$$x^{n-1} + x^{n-2}y + \cdots + y^{n-1} \equiv ny^{n-1} \pmod{p}$$

となる. y も n も p で割りきれないのでこれは p の倍数ではない. よって

$$\mathrm{ord}_p(x^n - y^n) = \mathrm{ord}_p(x - y).$$

● $n = p$ のとき.

$$x^{p-1} + x^{p-2}y + \cdots + y^{p-1}$$
$$= (x-y)(x^{p-2} + 2x^{p-3}y + \cdots + (p-2)xy^{p-3} + (p-1)y^{p-2}) + py^{p-1}$$

と変形され, $x \equiv y \pmod{p}$ より,

$$x^{p-2} + 2x^{p-3}y + \cdots + (p-2)xy^{p-3} + (p-1)y^{p-2} \equiv \frac{(p-1)p}{2}y^{p-2} \pmod{p}$$

となる. p は奇素数よりこれは p の倍数. よって,

$$x^{p-1} + x^{p-2}y + \cdots + y^{p-1} \equiv py^{p-1} \pmod{p^2}$$

であり, y は p の倍数でないので,

$$\mathrm{ord}_p(x^p - y^p) = \mathrm{ord}_p(x - y) + 1.$$

よって示された. ◆

p が奇素数の場合について述べましたが, $p = 2$ の場合についても類似の結果が成り立ちます.

［定理］

x, y を奇数, n を正の整数とする. n が奇数ならば,

$$\mathrm{ord}_2(x^n - y^n) = \mathrm{ord}_2(x - y)$$

が成り立ち, n が偶数ならば,

$$\mathrm{ord}_2(x^n - y^n) = \mathrm{ord}_2(x^2 - y^2) + \mathrm{ord}_2 n - 1$$

が成り立つ.

注意 $4 \mid (x-y)$ のとき $\mathrm{ord}_2(x^2 - y^2) = \mathrm{ord}_2(x-y) + 1$ であるが, そうでないときは $\mathrm{ord}_2(x^2 - y^2)$ を $\mathrm{ord}_2(x-y)$ で表すことはできない.

6.7 素数 p についてのオーダー

証明 まず $4 \mid (x-y)$ の場合を考える．上の注意で述べたように，$\mathrm{ord}_2(x^2-y^2) = \mathrm{ord}_2(x-y)+1$ となるので，主張は n の偶奇にかかわらず

$$\mathrm{ord}_2(x^n-y^n) = \mathrm{ord}_2(x-y) + \mathrm{ord}_2 n$$

となる．よって n が奇数のときと $n=2$ の場合に示せばよく，n が奇数のときは，p が奇素数で n が p で割りきれない場合と同様で，$n=2$ の場合はすでに述べたことよりよい．よってこの場合には示された．

次に，$x-y$ が 4 で割りきれない場合を考える．n が奇数のときは同様であり，n が偶数のときは x^2-y^2 は 4 の倍数なので，$x^2, y^2, \dfrac{n}{2}$ に対しすでに示した結果を適用すると，結論を得る．よって示された． ◆

注意 上で挙げた 2 つの定理はあまり一般的なものではないので，使う場合は証明をつけて使いましょう．ただし，上で述べられたような一般の形について示さなくとも，その問題で使う形でのみ示せば十分です (たとえば $p=3$ の場合のみ示すなど)．

x, y が一般の場合の $\mathrm{ord}_p(x^n - y^n)$ について考えてみましょう．$\gcd(x, y) = g$，$x = gx'$, $y = gy'$ とおくことで $\mathrm{ord}_p(x^n-y^n) = n\,\mathrm{ord}_p g + \mathrm{ord}_p(x'^n - y'^n)$ となるので，x, y が互いに素な場合に帰着されます．以下 x, y が互いに素な場合を考えます．まず，$p \mid (x-y)$ なら x, y はどちらも p の倍数ではないので定理が適用できます．$p \nmid (x-y)$ のとき，x, y のどちらかが p の倍数ならばもう片方は p の倍数ではなく，明らかに $\mathrm{ord}_p(x^n - y^n) = 0$ です．これ以外の場合については，d を $p \mid (x^d - y^d)$ なる最小の正の整数とすると，位数の議論から $p \mid (x^n - y^n)$ は $d \mid n$ と同値であることがわかり，定理を適用することにより $d \mid n$ の場合に $\mathrm{ord}_p(x^n-y^n)$ を $\mathrm{ord}_p(x^d - y^d)$ を使って表すことができます．ただし，$\mathrm{ord}_p(x^d - y^d)$ を p, x, y を使って簡単に表す方法は知られていません．

注意 n が奇数のとき $x^n + y^n = x^n - (-y)^n$ なので，このような形のものに対しても定理は適用できます．以下の問題例を見るとわかるように，こちらの形を利用する機会もかなり多いです．

✹ 実際の問題例

この議論に慣れるのは実際の問題を解いてみるのが一番だと思うので，$x^n - y^n$ の形をした数が現れる問題を集めてみました．前項での議論そのままで解けてしまう問題もありますし，位数や平方剰余を利用する少し違ったものもあります．IMO や春合宿の中難度〜高難度とされているものがほとんどですが，ここまでの議論を利用すると案外簡単に解けてしまうものが多いのではないかと思います．

最初に 2 問だけ例題として解説をつけておきます．あとの問題は 6.12 節でまとめて解説しています．

> **【例題】**
> (a) 1 でない整数 x, 素数 p に対し, $\dfrac{x^p - 1}{x - 1}$ の素因数は p で割って 1 余るもの, もしくは p であることを示せ.
> (b) p で割って 1 余る素数が無数に存在することを示せ.

解答 (a) $p = 2$ の場合は明らかなので, p を奇素数とする. q を $\dfrac{x^p - 1}{x - 1}$ の素因数とする. $q \mid x - 1$ とすると, p. 151 の定理より $\operatorname{ord}_q(x^p - 1) = \operatorname{ord}_q(x - 1) + \operatorname{ord}_q p$ となり, $q = p$ である. $q \nmid x - 1$ とすると, $x^p \equiv 1 \pmod{q}$ より $\bmod q$ における x の位数は p の約数, つまり 1 または p だが, $x \not\equiv 1 \pmod{q}$ より p である. よって Fermat の小定理より $p \mid q - 1$ であり, q は p で割って 1 余る. 以上より, 題意は示された.

(b) $\operatorname{ord}_p \dfrac{x^p - 1}{x - 1} \leqq 1$ に注意. $\dfrac{2^p - 1}{2 - 1} = 2^p - 1 > p$ であるので, これは p で割って 1 余る素因数をもつ. つまり p で割って 1 余る素数が存在する. p で割って 1 余る素数が有限個しかなかったとして, それを $r_1, r_2, \ldots, r_n$ とする. $x = r_1 r_2 \cdots r_n$ としたとき, $\dfrac{x^p - 1}{x - 1} > p$ なのでこれの素因数で p で割って 1 余るものが存在するはずであるが, $r_1, r_2, \ldots, r_n$ はどれもこれを割りきらない. よって矛盾. 以上より, 題意は示された. ◆

「p で割って 1 余る素数が無数に存在する」という結果の一般化として次の定理が成り立ちます.

> **［定理］**(Dirichlet の算術級数定理)
> a, b を互いに素な正の整数とするとき, $an + b$ $(n \in \mathbb{N})$ の形の素数が無数に存在する.

この定理の証明は非常に難しく, ここでは述べられません. このようにコンテスト内容よりはるかに高度な定理を使うことは望ましいとはいえないことですが, 正しく引用できてさえいれば, 基本的には問題なしとされることが多いです.

6.7 素数 p についてのオーダー

【2003 イラン第 3 ラウンド 問題 3】
P を素数からなる有限集合, m を 2 以上の整数とする. $m^n - 1$ の素因数がすべて P の元になるような正の整数 n は有限個しかないことを示せ.

解答 P の元のうち, m と互いに素なものを $p_1, p_2, \ldots, p_k$ とし, $\bmod p_i$ における m の位数を e_i とする (m を割りきる素数は $m^n - 1$ の素因数にはなりえないので考えなくてよい). ただし, $p_i = 2$ のときは $e_i = 2$ とおくことにする. $m^n - 1$ の p_i に関するオーダーを f_i とする. n が e_i で割りきれないとき, $p_i \neq 2$ なら $f_i = 0$ で, $p_i = 2$ なら $f_i = \mathrm{ord}_2(m-1)$ である. n が e_i で割りきれるとき, p. 151 の定理より $f_i = \mathrm{ord}_{p_i}(m^{e_i} - 1) + \mathrm{ord}_{p_i} \dfrac{n}{e_i}$. $m^n - 1$ の素因数がすべて P の元であるとき, $m^n - 1 = p_1^{f_1} p_2^{f_2} \cdots p_k^{f_k}$. 上の議論より $p_i^{f_i} \leqq \dfrac{m^{e_i} - 1}{e_i} n$ なので, このとき

$$m^n - 1 \leqq n^k \prod_{i=1}^{k} \frac{m^{e_i} - 1}{e_i}$$

となる. $\displaystyle\prod_{i=1}^{k} \dfrac{m^{e_i} - 1}{e_i}$ は n によらない定数なので, n を十分大きくすれば左辺の方が大きくなる. よって条件をみたす n は有限個しかない. ◆

このように, $m^n - 1$ のオーダーが n に対してあまり大きくならないことを利用して不等式評価をすることにより解かれる問題も多いです.

この問題を強めたものとして次の定理が成り立ちます.

［定理］ (Zsigmondy の定理)
a, b を $a > b$ をみたす互いに素な正の整数, n を 2 以上の整数とし,
- $n = 6, a = 2, b = 1$.
- $n = 2, a + b$ は 2 のべき.

ではないとする. このとき, $a^n - b^n$ の素因数であって, $a^k - b^k$ (k は 1 以上 $n-1$ 以下の任意の整数) の素因数ではないようなものが存在する.

この定理の証明の詳細はここでは扱いませんが, 位数の議論と p. 151 の定理を使って不等式評価をすることによって示されます. 不等式評価の部分にいくらか工夫と労力が必要になるので以下の問題より難しいと思いますが, 興味のある人は考えてみるとよいでしょう.

この定理も (Dirichlet の算術級数定理ほどではないですが) 簡単な定理ではないので, 試験において引用することはあまり望ましいとはいえません. また, この定理の知名度はかなり低いので, 採点官が知らないという恐れもあります. なるべくならばこの定理を使わない解答を考えた方がよいでしょう (もちろん時間がないときやどうしても思いつかないときは仕方ないですが).

【1990 IMO 問題 3】
$\dfrac{2^n+1}{n^2}$ が整数となるような 1 より大きい整数 n をすべて求めよ.

解答 → p. 168

【1996 JMO 本選 問題 2】
$\gcd(m,n)=1$ なる正の整数 m,n に対して $\gcd(5^m+7^m, 5^n+7^n)$ を求めよ.

解答 → p. 169

【1999 春合宿 問題 2】
$3^n = x^k + y^k$ をみたす互いに素な整数 x, y および整数 $k>1$ が存在するような正の整数 n をすべて求めよ.

解答 → p. 170

【1999 春合宿 問題 11】
ある整数 m が存在して 2^n-1 が m^2+9 の約数になるような, 正の整数 n をすべて決定せよ.

解答 → p. 171

【1999 IMO 問題 4】
以下の条件をみたすような正の整数の組 (n,p) をすべて決定せよ.
- p は素数.
- $n \leqq 2p$.
- $(p-1)^n+1$ は n^{p-1} の倍数.

解答 → p. 171

6.8 不等式評価

【2000 IMO 問題 5】
次の条件をみたす正の整数 n は存在するか.
- n を割りきる相異なる素数はちょうど 2000 個ある.
- $2^n + 1$ は n で割りきれる.

解答 → p. 172

【2001 春合宿 問題 12】
3 つの正の整数の組 (a, m, n) であって, $a^m + 1$ が $(a+1)^n$ の約数となるものをすべて決定せよ.

解答 → p. 172

【2003 春合宿 問題 11】
n を正の整数とし, $p_1, p_2, \ldots, p_n$ を相異なる 5 以上の素数とする. このとき, $2^{p_1 p_2 \cdots p_n} + 1$ は正の約数を 4^n 個以上もつことを示せ.

解答 → p. 173

【2003 初夏合宿 問題 2】
3 以上の奇数 n と正の整数 x, y との組であって,
$$x^n + y^n = p^m$$
をみたす素数 p と整数 m が存在するようなものを, すべて求めよ.

解答 → p. 174

【2007 春合宿 問題 2】
次の方程式をみたす整数の組 (x, y) をすべて求めよ. ただし $x \neq 1$ とする.
$$\frac{x^7 - 1}{x - 1} = y^5 - 1$$

解答 → p. 175

6.8 不等式評価

不等式評価に関しては, 式変形の技術や不等式の技術など代数的な側面が強いので, A 分野で出題される不等式との違いをいくつか挙げるのみでここではあまり解説しま

せん．

　整数論の議論で使われる不等式は，実数に対する不等式と違い範囲を絞るために使われることがほとんどなので，あまり厳しく評価をしなくても大丈夫なことも多いです (緩い不等式評価だとその分しらみつぶしをする範囲が広くなってしまったりしますが，そこは技術がなくてもある程度は根気でカバーできます)．また，1 章で挙げられた「有名不等式」で使われるのは主に相加相乗の不等式くらいのもので，Cauchy-Schwarz の不等式でさえ使われることはかなり少なく，他に至ってはまずないといっても過言ではありません．その代わりに，k, n が整数で $k > n - 1$ のとき，これを $k \geqq n$ に書き換えるなどの整数の性質を使った評価や，正の数の和は正の数，などのごくごく基本的な評価をすることが多いです．もう少し厳しく評価したいときや，基本的なものだけでは足りないときは解析的な手法を使うのが有効です．偏微分を持ち出すまでもなく，1 変数の微分を使うだけでいいものが多いです．

　範囲を絞る以外にも，ある数が平方数でないことを示すために隣り合う平方数で挟んで不等式評価をしたり，ある数が m の倍数でないことを示すために隣り合う m の倍数で挟んで不等式評価をしたりすることも多いです．1 問例を挙げましょう．

【2004 JMO 本選 問題 1】
　$2n^2 + 1, 3n^2 + 1, 6n^2 + 1$ がどれも平方数であるような正の整数 n は存在しないことを示せ．

解答　3 数がすべて平方数であったとする．このとき，$(2n)^2 \times (3n^2 + 1) = 12n^4 + 4n^2$ は平方数なので，これを正の整数 k を使って k^2 とおく．$k^2 = 12n^4 + 4n^2 > 9n^4 = (3n^2)^2$ より，$k > 3n^2$．よって $(k+1)^2 = (k^2 + 1) + 2k > (12n^4 + 4n^2 + 1) + 2 \cdot 3n^2 = 12n^4 + 10n^2 + 1$ となる．

　$(2n^2 + 1)(6n^2 + 1) = 12n^4 + 8n^2 + 1$ は平方数であるはずだが，上の不等式評価より

$$(k+1)^2 > 12n^4 + 10n^2 + 1 > 12n^4 + 8n^2 + 1 > 12n^4 + 4n^2 = k^2$$

となるので矛盾．よって条件をみたす n は存在しない．　◆

6.9　整数解を求める問題

　数学オリンピックにおける整数論の問題ではしばしば，ある方程式の整数解をすべて求めさせるものが出題されます．ある式の値が整数・平方数になるような変数の値

(整数・自然数など) を求めさせる問題もこの一種です．この種の問題は解が有限個 (もしくはそれに類するもの) になることが多く，したがって解を絞り込む過程で不等式評価を使うことがかなり多いです．

また，ある変数について 2 次方程式の形にして，判別式が平方数であるかを見ることもよくあります．このような方針では，前節で挙げたように平方数で挟んで不等式評価することが重要になってきます．

mod を使った議論をすることも多いですが，注意すべきなのは mod だけでは解が有限個しか存在しないことが明らかに示せない場合があることです．たとえば，上で挙げた 2004 JMO 本選 問題 1 では $n = 0$ とすれば 3 つの数がすべて 1 となり平方数になるので，この 3 数をうまい mod で見てやるだけでは証明はできないことがわかります．もちろんこのような場合でも mod を使った議論が役に立つこともあるのですが，それ以外の何か (素因数を見る，不等式評価など) をしないと解けないので，こういう場合はあまり mod にこだわり続けるのはよくないでしょう．ただし，整数の範囲で解が 1 つも存在しない場合には，mod の議論だけで簡単に示せることがあります (そのような問題は普通簡単であり，最近の IMO などではあまり出題されませんが)．

もちろんですが，この種の問題では小さい数でいろいろと試して解を探してみることも重要です．関数方程式ほどではないですが，解の推測がつくことで証明の方針が立てやすくなることもあります．

ここまでに挙げた問題も広い意味で見れば半数程度がこの形の問題になっています．解いてみればわかる通り，特に決まった方針というものはなく，いろいろな方針をアドリブで組み合わせて解いていくことが重要になってきます．1 つの方針にこだわりすぎず，柔軟に考えましょう．

6.10 無限降下法

整数論の問題で時々使われる方針として，無限降下法があります．これは，自然数の空でない部分集合をとってきたとき必ず最小の元が存在することを利用したもので，次のようなものです．

命題：ある条件 A をみたす自然数は存在しない．
証明：
(step1) 「A をみたす自然数 a が存在すれば，a より小さい自然数 b で A をみたすものが存在する」ということを示す．

(step2) 仮に A をみたす自然数が 1 つ存在すれば, そこから A をみたす狭義
単調減少な自然数の無限列が得られ矛盾.
よって A をみたす自然数が存在しないことが示された.

実際に使われる場合には,「自然数」が「整数の組」になったり,「自然数 a より小さい自然数 b」が「整数 a より絶対値が小さい整数 b」となったりします.
　この議論は別に無限降下法の形をとらなくとも,「条件 A をみたす最小の自然数 a をとって矛盾を導く」というような議論で代用できます. 重要なのは, ある 1 つの条件をみたすものから, (絶対値などが) 小さくなる別のものを作り出す, という発想です.
　この議論が使われる問題は難問と呼ばれるものが多く, 漠然と無限降下法を使うだろうと思っても, すぐには解けないことが多いでしょう. しかし, 無限降下法という方針を頭に入れておくか否かで以下の問題たちの難易度は大きく変わってくるでしょう.

【1988 IMO 問題 6】
a, b は $a^2 + b^2$ が $ab + 1$ で割りきれるような正の整数とする. このとき, $\dfrac{a^2 + b^2}{ab + 1}$ が平方数であることを示せ.　　　　　　　　　　　　　　　　解答 → p. 175

【2007 IMO 問題 5】
a, b を正の整数とする. $4ab - 1$ が $(4a^2 - 1)^2$ を割りきるならば, $a = b$ であることを示せ.　　　　　　　　　　　　　　　　解答 → p. 176

また, 無限降下法に限らず, ある条件をみたすものから別の条件をみたすものを作るという発想が役に立つことはあります. たとえばある方程式に解が無限個存在することを示したいとき, 1 つ解を見つけてそこから次々に解を作り出していくという方針で証明することがあります.

6.11　mod p における方程式

6.1 節では, 正の整数 m に対し, mod m で 1 次方程式を考えました. この節では素数 p に対し, mod p における方程式を考えます. まず, 次の定理が成り立ちます.

6.11 $\bmod p$ における方程式

[定理]

$\bmod p$ において, n 次方程式は高々 n 個の解しかもたない.

証明は略しますが, $\bmod p$ における「因数定理」を使うことによって容易に示すことができるので考えてみてください. p が素数であることが, 「$\bmod p$ では 0 でないものを掛けた結果は 0 でない」というところに効いています. これは次の例を見ればわかるでしょう.

例 $\bmod 9$ における $x(x-3) \equiv 0$ という方程式は $x \equiv 0, 3, 6$ を解にもつ.

実数や複素数の場合と同じく, 一般に n 次方程式の解を求めることは $\bmod p$ でも難しいです. 具体的な p と方程式が与えられている場合には $0, 1, \ldots, p-1$ をしらみつぶしに代入して確かめることで一応解を求めることはできますが.

ただ, 低次の場合, 特に 2 次方程式に関してはよくわかっているので, 以下では $\bmod p$ における 2 次方程式について論じていきます.

$ax^2 + bx + c \equiv 0$ という方程式を考えます. $p \mid a$ のときは 1 次方程式になってしまうので, $p \nmid a$ とします.

$p = 2$ の場合, 考えられる (b, c) の組合せは $(0, 0), (0, 1), (1, 0), (1, 1)$ の 4 通りしかなく, それぞれの場合に解を求めてやると, $x^2 + x \equiv 0$ は 2 個, $x^2 \equiv 0$, $x^2 + 1 \equiv 0$ は 1 個, $x^2 + x + 1 \equiv 0$ は 0 個の解をもつことがわかります.

次に, p が奇素数の場合を考えます. 両辺を $4a$ 倍した後「平方完成」すると, $(2ax - b)^2 \equiv b^2 - 4ac$ となります. $4a$ は p と互いに素なので, この方程式は元の方程式と同値であることに注意しましょう ($p = 2$ の場合はこれが成立しないので, しらみつぶしで求めました). $D = b^2 - 4ac$ とおきます. $2ax - b \equiv k$ という形の方程式は, $2a$ が p と互いに素なことよりつねにちょうど 1 個の解をもつので, 以下の結果が成り立ちます.

- D が $\bmod p$ で平方剰余のとき, 解を 2 つもつ.
- $D \equiv 0 \pmod{p}$ のとき, 解を 1 つもつ.
- D が $\bmod p$ で平方非剰余のとき, 解をもたない.

解をもつときは, $x^2 \equiv D$ の解のうち片方を $x \equiv \sqrt{D}$ と書くことにすれば, 元の方程式の解は $x \equiv \dfrac{-b \pm \sqrt{D}}{2a}$ と書けます (分数は分子に分母の逆元を掛けたものを意味するものとします).

このように，$\bmod p$ で 2 次方程式を解くことは実数範囲で 2 次方程式を解くことと非常に似ています．D の符号によって解の個数が決まる部分が D が平方剰余か否かによって解の個数が決まる部分と対応し，解の公式の形はまったく同じになっています．

注意 　一般の $\bmod m$ において方程式を考えることは，中国剰余定理より素数べきの場合に帰着されます．素数べきの場合には n 次方程式が n 個より多くの解をもつことがあるのはすでに例に示した通りです．

　$\bmod p$ べきにおける 2 次方程式に関しては，同様の変形をすることにより解の個数や形に関することはある程度わかりますが，D が p の倍数のときは場合分けが煩雑になりますし，あまり有益でもないと思うのでここには書きません．興味のある人は考えてみてください．

数はあまり多くありませんが，以上の 2 次方程式に関する議論を知っておくと解きやすくなる問題を挙げておきます．

【1998 JMO 本選 問題 1】

　p は 3 以上の素数とする．円周上に p 個の点を置き，ある点に 1 を記入し，そこから時計回りに 1 個進んだ点に 2 を記入する．さらに，2 を書いた点から時計回りに 2 個進んだ点に 3 を記入し，以下同様なことを繰り返し，最後に $p-1$ を書いた点から $p-1$ 個進んだ点に p を記入する．ふたつ以上の数が記入された点があってもよく，ひとつも数が記入されない点があってもよい．さて，数の記入された点は全部で何個か．
　　　　　　　　　　　　　　　　　　　　　　　　　　　　　　　解答 → p. 177

【1993 春合宿 問題 6】

　a, b, c は整数，p は 3 以上の素数とする．また $f(x) = ax^2 + bx + c$ とする．今，連続する $2p-1$ 個の整数 $x = n, n+1, \ldots, n+2p-2$ に対し $f(x)$ が完全平方数（ある整数の 2 乗）になっているものとする．すると $b^2 - 4ac$ が p の倍数であることを証明せよ．
　　　　　　　　　　　　　　　　　　　　　　　　　　　　　　　解答 → p. 177

6.12　問題の解答

この節では，今までに挙げた問題の解答を解説していきます．

中国剰余定理

【1983 IMO 問題 3】
a, b, c は正の整数で,どの 2 つも互いに素であるとする.このとき $2abc - ab - bc - ca$ は $xbc + yca + zab$ (ただし x, y, z は非負整数) という形に表せない最大の整数であることを示せ.
→ p. 142

解答 まず, $2abc - ab - bc - ca$ は $xbc + yca + zab$ の形に表せないことを示す. $2abc - ab - bc - ca = xbc + yca + zab$ と書けたとする. $\mod a$ で見ると $xbc \equiv -bc$ なので $x \equiv a - 1 \pmod{a}$ となり (b, c は a と互いに素であることに注意), x は非負整数なので $x \geqq a - 1$. 同様にして $y \geqq b - 1, z \geqq c - 1$ となり, $xbc + yca + zab \geqq (a-1)bc + (b-1)ca + (c-1)ab = 3abc - ab - bc - ca > 2abc - ab - bc - ca$ となるので矛盾.

次に, $2abc - ab - bc - ca$ より大きい任意の整数は $xbc + yca + zab$ の形に表せることを示す.その数を n とすると, $n \equiv x_0 bc \pmod{a}$ となる 0 以上 $a-1$ 以下の整数 x_0 が一意に定まる.同様に y_0, z_0 が定まる. $N = x_0 bc + y_0 ca + z_0 ab$ と n を比較すると, $\mod a, \mod b, \mod c$ どれで見ても等しい.中国剰余定理よりこの 2 つの数は $\mod abc$ で等しい. $n \geqq N$ なら, $n - N$ は abc で割りきれるので $k = \dfrac{n - N}{bc}$ として $(x, y, z) = (x_0 + k, y_0, z_0)$ とすればよい. $n < N$ とすると, $n + abc \leqq N$. 仮定より $n > 2abc - ab - bc - ca$ だったので $N > 3abc - ab - bc - ca = (a-1)bc + (b-1)ca + (c-1)ab$. これは x_0, y_0, z_0 の定め方に矛盾.よって示された. ◆

Fermat の小定理, Euler の定理

【2005 IMO 問題 4】
数列 $a_1, a_2, \ldots$ を
$$a_n = 2^n + 3^n + 6^n - 1 \ (n = 1, 2, \ldots)$$
で定める.この数列のどの項とも互いに素であるような正の整数をすべて決定せよ.
→ p. 143

条件をみたす正の整数をすべて決定せよ,という問題ですが,素数の場合を考えれば十分であることが少し考えるとわかると思います.小さい素数に関して実験してみる

と, $p = 2, 3$ の場合を除いて $p \mid a_{p-2}$ であるという推測がつくでしょう (a_n の定義に 2, 3, 6 が出てきているので $p = 2, 3$ の場合は例外になっているのも自然なことです). あとはそれを Fermat の小定理を使って示すだけです.

解答 条件をみたす正の整数は 1 のみであることを示す. 任意の素数 p に対してある n が存在して $p \mid a_n$ となることを示せばよい. $p = 2$ のとき $a_1 = 2 + 3 + 6 - 1 = 10$ は 2 で割りきれる. $p = 3$ のとき $a_2 = 2^2 + 3^2 + 6^2 - 1 = 48$ は 3 で割りきれる.

任意の 5 以上の素数 p に対して, $p \mid a_{p-2}$ を示す. p は 2, 3, 6 と互いに素なので Fermat の小定理より $6a_{p-2} = 3 \times 2^{p-1} + 2 \times 3^{p-1} + 6^{p-1} - 6 \equiv 3 + 2 + 1 - 6 \equiv 0 \pmod{p}$ である. よって $p \mid a_{p-2}$. ◆

注意 後半部分は解答の書きやすさのため全体を 6 倍していますが, $\frac{1}{2} + \frac{1}{3} + \frac{1}{6} - 1 = 0$ をきちんと書いただけです. このように $\bmod m$ においては, m と互いに素な数を分母にもつ分数 (分子に分母の逆元を掛けたもの) は通常と同じように計算できます.

✹ 原 始 根

【2001 春合宿 問題 1】
以下の条件をみたす 2 以上の整数 n をすべて求めよ.

n と互いに素な任意の整数 a, b に対して, $a \equiv b \pmod{n}$ と $ab \equiv 1 \pmod{n}$ は同値である. → p. 148

解答 n と互いに素な任意の整数 a に対して, a の $\bmod n$ における逆元が a 自身になるような n を求めればよい. つまり, 任意の n と互いに素な整数が $\bmod n$ で位数 2 以下であるような n を求めればよい.

n の 5 以上の素因数 p が存在したとすると, $\bmod p$ での原始根が存在するので $\bmod n$ で位数 $p - 1 \geq 4$ 以上の数が存在し, 矛盾. n が 9 で割りきれたとすると, $\bmod 9$ で位数 $\varphi(9) = 6$ の数が存在するので矛盾. n が 16 で割りきれたとすると, $\bmod 16$ で位数 $\frac{\varphi(16)}{2} = 4$ の数が存在するので矛盾. よって n として考えられるのは $n = 2^s 3^t$ ($s = 0, 1, 2, 3, t = 0, 1$) のうち $(s, t) = (0, 0)$ 以外の 7 個. 逆にこれらはすべて条件をみたす.

以上より, 条件をみたす n は $2, 3, 4, 6, 8, 12, 24$ の 7 個. ◆

✹ 平方剰余

【2008 IMO 問題3】
次の条件をみたす正の整数 n が無数に存在することを示せ．

条件：n^2+1 は $2n+\sqrt{2n}$ より大きい素因数をもつ．　　→ p. 150

与えられた数の素因数としてどのようなものがあるかを調べるのは難しいので，先に素数 p をとって，その倍数で n^2+1 の形で表せるものを考える，というのがこの問題の鍵です．平方剰余の第一補充則より，$p \equiv 1 \pmod{4}$ ならばそのような n は存在します．p が $2n+\sqrt{2n}$ より大きくなってほしいので n はなるべく小さくとりたいわけですが，実は p が十分大きければ n を最も小さくとったとき $p > 2n+\sqrt{2n}$ をみたすことがわかります．

解答 20 より大きな 4 で割って 1 余る素数 p を任意にとる．平方剰余の第一補充則より n^2+1 が p で割りきれるような整数 n が存在する．p で割った余りをとることにより，n は 1 以上 $p-1$ 以下の整数としてよく，必要ならば n を $p-n$ に取り替えることで，$0 < n < \dfrac{p}{2}$ としてよい．$n = \dfrac{p-a}{2}$ とする．a は正の奇数．n^2+1 が p で割りきれるので，a^2+4 は p で割りきれる．よって $\sqrt{p-4} \leq a$．これより $\dfrac{p-\sqrt{p-4}}{2} \geq n$ となるので $p \geq 2n+\sqrt{p-4}$．$p>20$ より $p>2n+4$．よって $\sqrt{p-4} > \sqrt{2n}$ であり $p > 2n+\sqrt{2n}$．

以上より，20 より大きな 4 で割って 1 余る任意の素数 p に対して，条件をみたすような正の整数 n がとれることが示された．$p \leq n^2+1$ なので，あとは 4 で割って 1 余る素数が無数に存在することを示せばよい．

4 で割って 1 余る素数が有限個しかなかったとして，それらを $p_1, p_2, \ldots, p_k$ とする．$N = 4(p_1 p_2 \cdots p_k)^2 + 1$ を考えると，平方剰余の第一補充則より N の素因数は 4 で割って 1 余るものだけであるが，N は $p_1, p_2, \ldots, p_k$ のいずれでも割りきれないので矛盾．よって 4 で割って 1 余る素数は無数に存在する． ◆

注意 「4 で割って 1 余る素数が無数に存在する」というのは p. 154 で挙げた Dirichlet の算術級数定理の部分的結果ですが，ここではそれを使わない解答を紹介しました．

【2003 春合宿 問題 8】

次の式をみたす整数 d, m, n, k の組をすべて決定せよ．

$$(6d-1)^m + (3d+4)^n = k^2$$

→ p. 150

解答 $d = 0$ のとき，与式は $(-1)^m + 4^n = k^2$ となる．左辺は整数なので $n \geq 0$ であり，4^n は平方数．平方数 2 つの差が 1 になるのは 0 と 1 しかないので，この場合の解は $(d, m, n, k) = (0, 2s-1, 0, 0)$ $(s \in \mathbb{Z})$ のみ．

$d = -1$ のとき，与式は $(-7)^m + 1^n = k^2$ となる．これは $(-7)^m = k^2 - 1 = (k-1)(k+1)$ と変形できる．$m \geq 0$ であり，k は偶数なので $k-1$ と $k+1$ は互いに素．$|(k-1)(k+1)|$ が 7 のべきなので $|k-1|, |k+1|$ のどちらかは 1 となるはずだが，このときは m が整数にならない．よってこの場合には解をもたない．

以下，$d \neq 0, -1$ とする．$\gcd(6d-1, 3d+4) = \gcd(9, 3d+4) = 1$ であり，$|6d-1| \geq 5, |3d+4| \geq 2$ であることに注意．

$k = 0$ のとき，$(6d-1)^m = -(3d+4)^n$ となり，$6d-1$ と $3d+4$ は互いに素なので両辺とも絶対値が 1 でなければならないが，そうすると $m = n = 0$ となり不適．以下，$k \neq 0$ とする．

$m \geq 0, n \geq 0$ を示す．m, n のどちらかが負になったとすると，与式の左辺が整数になることからもう片方も負でなければならない．しかしこの場合，

$$1 \leq (6d-1)^m + (3d+4)^n \leq |6d-1|^m + |3d+4|^n \leq \frac{1}{5} + \frac{1}{2} < 1$$

となり矛盾．よって $m \geq 0, n \geq 0$ である．

与式を $\bmod 3$ で見ると，$(-1)^m + 1 \equiv k^2$ となり，$k^2 \equiv 0, 1 \pmod 3$ なので，m は奇数であることがわかる．p を $3d+4$ の任意の素因数とする ($p \neq 3$ に注意)．$6d - 1 \equiv -9 \pmod p$ なので，両辺を $\bmod p$ で見ると，$(-9)^m \equiv k^2$ となる．つまり，$(-9)^m$ は $\bmod p$ で平方剰余であり，m が奇数であることから，

$$1 = \left(\frac{(-9)^m}{p}\right) = \left(\frac{-9}{p}\right) = \left(\frac{-1}{p}\right) \times \left(\frac{3}{p}\right)^2 = \left(\frac{-1}{p}\right)$$

となる．平方剰余の第一補充則より，$p = 2$ または $p \equiv 1 \pmod 4$ である．

$3d+4$ が 2 を素因数にもたない場合を考える．このとき，$3d+4$ の素因数はすべて 4 で割って 1 余るものなので，$3d+4 \equiv 1 \pmod 4$ であり，$6d-1 \equiv 1 \pmod 4$．しかしこのとき，$k^2 = (6d-1)^m + (3d+4)^n \equiv 1^m + 1^n \equiv 2 \pmod 4$ となり，$k^2 \equiv 0, 1 \pmod 4$ に矛盾．よってこの場合には解はない．

$3d+4$ が 2 を素因数にもつ場合を考える. この場合 $3d+4$ が偶数なので d も偶数. よって $6d-1 \equiv -1 \pmod{4}$ である. 与式の両辺を $\bmod 4$ で見ると, m が奇数であることより $-1+(3d)^n \equiv k^2$ となる. $k^2 \equiv 0, 1 \pmod{4}$ より, $(3d)^n \equiv 1, 2 \pmod{4}$ であり, d は偶数なので $n=0$ または $n=1$ かつ $d \equiv 2 \pmod{4}$.

$n=0$ のとき, 与式を変形すると $(6d-1)^m = k^2-1 = (k-1)(k+1)$ となる. $k>0$ の場合を考えれば十分. $m=0$ のとき, k が整数にならず不適. k は偶数なので $k-1, k+1$ は互いに素である. よって $k-1, k+1$ は両方正の m 乗数である. $m \geq 2$ のときは, 2 つの正の m 乗数の差が 2 になることはないので不適. $m=1$ のとき $6d=k^2$ となり, この場合の解は $(d, m, n, k) = (6t^2, 1, 0, 6t)$ (t は 0 でない整数) となる.

$n=1$ のとき, $d \equiv 2 \pmod{4}$ より $d \equiv 2, 6 \pmod{8}$. $d \equiv 6 \pmod{8}$ とすると, $3d+4 \equiv 6 \pmod{8}$ となり, $\dfrac{3d+4}{2} \equiv 3 \pmod{4}$ なので $3d+4$ が 4 で割って 3 余る素因数をもたないことに矛盾. よって $d \equiv 2 \pmod{8}$ となるが, この場合与式の両辺を $\bmod 8$ でみると, m が奇数であることより

$$k^2 = (6d-1)^m + (3d+4)^n \equiv 3^m + 2^n \equiv 3+2 \equiv 5$$

となり, $k^2 \equiv 0, 1, 4 \pmod{8}$ に矛盾. よってこの場合解をもたない.

以上をまとめると, 与式の整数解は

$$(d, m, n, k) = (0, 2s-1, 0, 0) \ (s \in \mathbb{Z}), \quad (6t^2, 1, 0, 6t) \ (t \text{ は } 0 \text{ でない整数})$$

である. ◆

注意 $d=-1$ のときと $n=0$ のときの処理に見えるように, 整数解を求める問題においては, 何かのべき乗を積で分解できる形 (平方数の差など) に書くことが有用なことが多いです. 適当な mod で見てやることによって指数の偶奇がわかり, それによって分解できることがわかることも多いです.

【1999 SLP N3】
$b_n^2 + 1$ が $a_n(a_n+1)$ の倍数となるような, 正の整数からなる狭義単調増加数列 $\{a_n\}$ と $\{b_n\}$ が存在することを示せ. → p. 150

解答 まず, 次の補題を示す.

補題. $m \mid x^2+1$ なる x が存在するための m の必要十分条件は, $4 \nmid m$ かつ m が 4 で割って 3 余る素因数をもたないことである.

(証明)

m が 4 で割って 3 余る素因数をもつとすると,平方剰余の第一補充則より条件をみたす x は存在しない.また,$\mod 4$ において -1 は平方非剰余なので $4 \mid m$ のときも条件をみたす x は存在しない.

逆に $4 \nmid m$ かつ m が 4 で割って 3 余る素因数をもたないとき,条件をみたす x が存在することを示す.中国剰余定理より,m が 4 で割って 1 余る素数 p のべきであるときに示せばよい.このとき $\varphi(m)$ は $p-1$ で割りきれるので 4 で割りきれる.$\mod m$ における原始根 r をとり,$x = r^{\frac{\varphi(m)}{4}}$ とすると,$m \mid (x^4 - 1) = (x^2 - 1)(x^2 + 1)$ で $\gcd(x^2 - 1, x^2 + 1) = \gcd(x^2 - 1, 2) \mid 2$ より,$x^2 - 1, x^2 + 1$ のどちらかは m で割りきれる.しかし,原始根の性質より $m \nmid x^2 - 1$ なので,$m \mid x^2 + 1$. よって示された.

(補題の証明終わり)

p_n で,4 で割って 1 余る素数のうち n 番目に小さいものとする (2 つ前の問題の解答より,このようなものは無限に存在することに注意).$a_n = p_n^2$ とする.$a_n + 1 = p_n^2 + 1$ であり,補題よりこれの素因数は 2 と,4 で割って 1 余るものだけである.$c_n = a_n(a_n + 1)$ とおく.$4 \nmid c_n$ であり,2 以外の c_n の素因数は 4 で割って 1 余る.

補題より,ある k_n が存在して $c_n \mid k_n^2 + 1$ となる.したがって,$b_n = k_n + t_n c_n$ ($t_n \in \mathbb{N}$) とすれば $a_n(a_n + 1) \mid b_n^2 + 1$ となる.$\{a_n\}$ は単調増加であり,t_n を順次十分大きくとっていけば,$\{b_n\}$ も単調増加にすることができる. ◆

注意 b_n は $a_n(a_n + 1)$ の倍数を足しても条件をみたすのはすぐわかるので,b_n の方の単調増加性には特に意味はなく,a_n が本質であることがわかります.

$a_n(a_n + 1)$ が補題の m の条件をみたすように a_n がとれればいいわけですが,$a_n + 1$ が 4 で割って 3 余る素因数をもたないようにするためには,a_n を平方数にすればいいというのはある程度第一補充則を使い慣れていれば気づくでしょう.あとは a_n を,4 で割って 1 余る素因数しかもたない数の 2 乗にすればいいわけです.

2 つ前の問題で 4 で割って 1 余る素数が無数に存在することを示していたので上の解答では $a_n = p_n^2$ とおきましたが,それを使わなくともたとえば $a_n = (4n^2 + 1)^2$ とすれば再び第一補充則を使うことにより条件をみたすことがわかります.

※ 素数 p についてのオーダー

【1990 IMO 問題 3】
$\dfrac{2^n + 1}{n^2}$ が整数となるような 1 より大きい整数 n をすべて求めよ. → p. 156

解答 2^n+1 は奇数なので n は奇数. n の最小の素因数を p とすると, $2^n \equiv -1 \pmod{p}$ であり, $2^{2n} \equiv 1 \pmod{p}$. よって, $\bmod\, p$ における 2 の位数は $2n$ と $p-1$ をともに割りきる. p の最小性より $\gcd(2n, p-1) = 2$. よって $2^2 \equiv 1 \pmod{p}$ なので $p = 3$ である. n は奇数なので p. 151 の定理より,

$$\mathrm{ord}_3(2^n+1) = \mathrm{ord}_3(2+1) + \mathrm{ord}_3 n = 1 + \mathrm{ord}_3 n$$

となり, これは $\mathrm{ord}_3 n^2 = 2\,\mathrm{ord}_3 n$ 以上であるので $1 \geqq \mathrm{ord}_3 n$ である. 3 は n の素因数だったので $\mathrm{ord}_3 n = 1$ である. $n = 3$ は問題の条件をみたす.

$n > 3$ とする. n の素因数のうち, 3 の次に小さいものを q とすると, 上と同様に 2 の $\bmod\, q$ における位数は $\gcd(2n, q-1)$ を割りきる. q の定め方よりこれは 6 の約数. よって q は $2^6 - 1 = 63$ を割りきるので $q = 7$. しかし n が 3 で割りきれることより $2^n + 1 \equiv 2 \pmod{7}$ でありこれは矛盾. よって条件をみたす n は 3 のみである. ◆

【1996 JMO 本選 問題 2】
$\gcd(m, n) = 1$ なる正の整数 m, n に対して $\gcd(5^m + 7^m, 5^n + 7^n)$ を求めよ.
→ p. 156

解答 $g = \gcd(5^m + 7^m, 5^n + 7^n)$ の素因数 p を任意にとる. $p \neq 5, 7$ である. $5^m + 7^m \equiv 0 \pmod{p}$ なので, a を $5a \equiv 7 \pmod{p}$ なる整数とすると, $a^m \equiv -1 \pmod{p}$. よって $a^{2m} \equiv 1 \pmod{p}$ であり, $\bmod\, p$ における a の位数は $2m$ の約数. 同様にこれは $2n$ の約数でもある. $\gcd(m, n) = 1$ なので, a の位数は 2 の約数.

- 位数 1 とすると $7 \equiv 5 \pmod{p}$ より $p = 2$.
- 位数 2 とすると $7 \equiv -5 \pmod{p}$ より $p = 2, 3$. $p = 2$ のときは位数 1 であるので $p = 3$ であり, m, n は両方奇数.

よって g の素因数としてありうるのは $2, 3$ のみ.

$\bmod\, 8$ でみると, m が偶数のとき $5^m + 7^m \equiv 2 \pmod{8}$, m が奇数のとき $5^m + 7^m \equiv 4 \pmod{8}$. よって m, n が両方奇数のとき $\mathrm{ord}_2 g = 2$ であり, その他のとき $\mathrm{ord}_2 g = 1$.

g が 3 を素因数にもつとき, m は奇数であるので p. 151 の定理が適用でき,

$$\mathrm{ord}_3(5^m + 7^m) = \mathrm{ord}_3(5+7) + \mathrm{ord}_3 m = 1 + \mathrm{ord}_3 m$$

となり, 同様に $\mathrm{ord}_3(5^n + 7^n) = 1 + \mathrm{ord}_3 n$ である. $\gcd(m, n) = 1$ より m, n のどちらかは 3 で割りきれないので, $\mathrm{ord}_3 g = 1$.

以上をまとめると，
- m, n が両方奇数のとき，$\gcd(5^m + 7^m, 5^n + 7^n) = 12$.
- m, n の片方が偶数，片方が奇数のとき，$\gcd(5^m + 7^m, 5^n + 7^n) = 2$.

◆

【1999 春合宿 問題 2】
$3^n = x^k + y^k$ をみたす互いに素な整数 x, y および整数 $k > 1$ が存在するような正の整数 n をすべて求めよ。　　　　　　　　　　　　　　→ p. 156

解答　k が偶数とすると，$\mod 3$ で見ることにより x, y がともに 3 の倍数であることになり，互いに素であるという仮定に矛盾．よって k は奇数であり，$0 \equiv x^k + y^k \equiv x + y \pmod{3}$．互いに素という仮定から x, y は 3 の倍数ではない．これより p. 151 の定理が適用でき，

$$n = \mathrm{ord}_3 3^n = \mathrm{ord}_3(x^k + y^k) = \mathrm{ord}_3(x + y) + \mathrm{ord}_3 k$$

となる．$x + y < x^k + y^k = 3^n$ なので $\mathrm{ord}_3(x+y) < n$ であり，$3 \mid k$ である．

まず，$k = 3$ の場合を考える．上の式より $\mathrm{ord}_3(x+y) = n-1$ なので $x + y \geq 3^{n-1}$．したがって

$$3^n = x^3 + y^3 \geq 2 \times \left(\frac{3^{n-1}}{2}\right)^3$$

であり，これを変形すると $4 \geq 3^{2n-3}$ となるので $n = 1, 2$ である．$n = 1$ は不適．$n = 2$ のときは，$(k, x, y) = (3, 1, 2), (3, 2, 1)$ が条件をみたす．

次に一般の場合について考える．$3 \mid k$ より $x^3 + y^3 \mid x^k + y^k = 3^n$ であるので，$x^3 + y^3$ も 3 のべき．$k = 3$ の場合の議論より，$(x, y) = (1, 2), (2, 1)$ である．よって与式は $3^n = 2^k + 1$ となる．$n = \mathrm{ord}_3(2+1) + \mathrm{ord}_3 k = 1 + \mathrm{ord}_3 k$ なので $3^{n-1} \leq k$．したがって $2^{3^{n-1}} + 1 \leq 3^n$ となるが，これをみたすのは $n = 1, 2$ のみ．よって結局一般の場合にも，条件をみたすのは $n = 2$ のときの $(k, x, y) = (3, 1, 2), (3, 2, 1)$ しかない．

◆

注意　この後で解説していますが，2003 初夏合宿 問題 2 (→ p. 174) はほぼこの問題の拡張になっています．

【1999 春合宿 問題 11】
 ある整数 m が存在して 2^n-1 が m^2+9 の約数になるような, 正の整数 n をすべて決定せよ. → p. 156

解答 まず, 次の補題が成り立つ.

補題. $N \mid m^2+9$ なる m が存在するための N の必要十分条件は, $4 \nmid N$ かつ $27 \nmid N$ かつ N が 3 以外に 4 で割って 3 余る素因数をもたないことである.

証明は 1999 SLP N3 の解答中の補題とほぼ同じなので略す (→ p. 167).

まず, 条件をみたす n は 2 のべきであることを示す. n を 2 のべきではないとすると, n の奇数の素因数 p がとれる. $2^p-1 \mid 2^n-1$ であり, p は奇数なので $3 \nmid 2^p-1$. また $2^p-1 \equiv 3 \pmod 4$ であるので, 2^n-1 は 3 以外の 4 で割って 3 余る素因数をもつ. よって条件をみたさない.

逆に, $n=2^k$ (k は非負整数) のとき, 条件をみたすことを示す. $k=0$ のときは明らか. 2^n-1 が 3 以外の 4 で割って 3 余る素因数をもたないことを示す. そのような素因数 r をもったとすると, $\bmod r$ での 2 の位数は 2^k と $r-1$ をともに割りきる. $r-1 \equiv 2 \pmod 4$ より, この位数は 2 を割りきる. しかしこれは $r \neq 3$ に矛盾. また, p. 151 の定理より $\mathrm{ord}_3(2^n-1) = \mathrm{ord}_3(2^2-1) + \mathrm{ord}_3 2^{k-1} = 1$ である. よって 2^n-1 は補題の条件をみたすので, n は問題の条件をみたす. ◆

【1999 IMO 問題 4】
 以下の条件をみたすような正の整数の組 (n,p) をすべて決定せよ.
 ● p は素数.
 ● $n \leq 2p$.
 ● $(p-1)^n + 1$ は n^{p-1} の倍数. → p. 156

解答 $(n,p) = (1,p)$ (p は任意の素数), $(2,2)$ が解であり, $n=1$ または $p=2$ の場合はこれしか解がないことはすぐわかる. 以下, $n \geq 2$, $p \geq 3$ のときの解を探す. まず, このとき $n=p$ でなくてはならないことを示す. p は奇数なので $(p-1)^n+1$ は奇数で n も奇数. n の最小の素因数を q とすると, $q \mid (p-1)^n+1$ なので $(p-1)^{2n} \equiv 1 \pmod q$ であり $\bmod q$ での $p-1$ の位数は $\gcd(2n, q-1)$ を割りきる. q の最小性よりこれは 2 である. よって $(p-1)^2 \equiv 1 \pmod q$ であり n は奇数なので, $-1 \equiv (p-1)^n \equiv p-1 \pmod q$ となり $q=p$. n は p の倍数で $2p$ 以下の奇数なので $n=p$.

p は奇素数なので, p. 151 の定理より $\mathrm{ord}_p((p-1)^p + 1) = \mathrm{ord}_p((p-1) + 1) + \mathrm{ord}_p p = 2$. これが $\mathrm{ord}_p n^{p-1} = (p-1)$ 以上なので $p - 1 \leqq 2$ であり, $p = 3$ しかありえない. また, $(n, p) = (3, 3)$ のときは条件をみたす. 以上より, $(n, p) = (1, p)$ (p は任意の素数), $(2, 2)$, $(3, 3)$ がすべての解. ◆

【2000 IMO 問題 5】

次の条件をみたす正の整数 n は存在するか.
- n を割りきる相異なる素数はちょうど 2000 個ある.
- $2^n + 1$ は n で割りきれる.

→ p. 157

解答 **補題.** 任意の正の整数 i に対し, $2^{3^{i+1}} + 1$ の約数であり $2^{3^i} + 1$ の約数でない 3 以外の素数 p_i が存在する.

(証明) p を $2^{3^i} + 1$ の素因数とすると, p. 151 の定理より
$$\mathrm{ord}_p(2^{3^{i+1}} + 1) = \mathrm{ord}_p(2^{3^i} + 1) + \mathrm{ord}_p 3$$
なので, $p = 3$ のとき以外 $2^{3^i} + 1$ と $2^{3^{i+1}} + 1$ の p でのオーダーは変わらない. $p = 3$ のときは 1 増えるだけ. 明らかに $3(2^{3^i} + 1) < 2^{3^{i+1}} + 1$ なので, p_i の存在が示された.
(**補題の証明終わり**)

$i = 1, 2, \ldots, 1999$ に対し補題のように p_i をとったとき, $n = 3^{2000} p_1 p_2 \cdots p_{1999}$ が問題の条件をみたすことを示す. 1 つ目の条件をみたすことは明らか. n は奇数なので, p. 151 の定理より $\mathrm{ord}_3(2^n + 1) = \mathrm{ord}_3(2 + 1) + \mathrm{ord}_3 n = 2001$. $i = 1, 2, \ldots, 1999$ に対し $2^{3^{i+1}} + 1 \mid 2^{3^{2000}} + 1$ なので, $2^n + 1$ は p_i で割りきれる. よって, $2^n + 1$ は n で割りきれる. つまり, 2 つ目の条件をみたす. ◆

【2001 春合宿 問題 12】

3 つの正の整数の組 (a, m, n) であって, $a^m + 1$ が $(a+1)^n$ の約数となるものをすべて決定せよ.

→ p. 157

解答 $a = 1$ のときはどんな m, n でもよい. $m = 1$ のときはどんな a, n でもよい.

$a \geqq 2$, $m \geqq 2$ の場合を考える. m が偶数だとすると, $\gcd(a^m + 1, a + 1) = \gcd(2, a+1)$ は 2 の約数なので $a^m + 1$ は 2 べきということになる. $a \geqq 2$, $m \geqq 2$ より $a^m + 1 \geqq 2^2 + 1 = 5$ であるが, m は偶数なので $a^m + 1 \equiv 1, 2 \pmod 4$ であり, 2 べきであることに矛盾. よって m は奇数.

p を $a + 1$ の素因数とすると, $\mathrm{ord}_p(a^m + 1) = \mathrm{ord}_p(a + 1) + \mathrm{ord}_p m$ である.

$a^m+1 \mid (a+1)^n$ より a^m+1 の素因数はすべて $a+1$ の素因数なので,$a^m+1 \leqq m(a+1)$ となる.これをみたす 2 以上の a と 3 以上の奇数 m は $(a,m)=(2,3)$ しかないことが簡単にわかる.この場合,n は 2 以上の任意の整数でよい.よって $(a,m,n)=(1,t,u)$,$(s,1,u)$,$(2,3,u+1)$ (s,t,u は任意の正の整数) がすべての解である. ◆

【2003 春合宿 問題 11】

n を正の整数とし,$p_1, p_2, \ldots, p_n$ を相異なる 5 以上の素数とする.このとき,$2^{p_1 p_2 \cdots p_n}+1$ は正の約数を 4^n 個以上もつことを示せ. → p. 157

解答 n に関する帰納法で示す.$n=1$ のとき,$2^{p_1}+1$ は 3 で割りきれるが,$p_1 \neq 3$ より 3 のオーダーは 1.$3 < 2^{p_1}+1$ なので 3 以外の素因数が存在する.つまり $2^{p_1}+1$ には相異なる素因数が 2 つ以上存在するので,正の約数の個数は 4 以上である.

n のときに示されたと仮定し,$n+1$ のときを証明する.$2^{p_1 p_2 \cdots p_{n+1}}+1$ の素因数であって,$2^{p_1 p_2 \cdots p_n}+1$ の素因数でないものが 2 つ以上存在することが示されればよい.$2^{p_{n+1}}+1$ の 3 以外の素因数 q をとると,$\bmod q$ での 2 の位数は $2p_{n+1}$ の約数となり,$q \neq 3$ から $2p_{n+1}$ であることがわかる.よって,q は $2^{p_1 p_2 \cdots p_n}+1$ の素因数ではない.また $\mathrm{ord}_3(2^{p_{n+1}}+1) = \mathrm{ord}_3(2+1) + \mathrm{ord}_3 p_{n+1} = 1$ なので,$2^{p_1 p_2 \cdots p_n}+1$ と $2^{p_{n+1}}+1$ の最大公約数は 3.これらはともに $2^{p_1 p_2 \cdots p_{n+1}}+1$ を割りきるので,

$$(2^{p_1 p_2 \cdots p_n}+1) \times \frac{2^{p_{n+1}}+1}{3} \qquad (*)$$

は $2^{p_1 p_2 \cdots p_{n+1}}+1$ を割りきる.$2^{p_1 p_2 \cdots p_{n+1}}+1$ の素因数であって $(*)$ の素因数でないものが 1 つ以上存在することを示せばよい.そのようなものがないとする.$2^{p_1 p_2 \cdots p_n}+1$ の素因数 r をとる.r が $2^{p_1 p_2 \cdots p_n}+1$ の素因数のとき,$2^{p_1 p_2 \cdots p_{n+1}}+1$ における r のオーダーは $r = p_{n+1}$ のときは 1 増え,そのとき以外は変わらない.r が $\dfrac{2^{p_{n+1}}+1}{3}$ の素因数のとき,$2^{p_1 p_2 \cdots p_{n+1}}+1$ における r のオーダーは $r = p_1, p_2, \ldots, p_n$ のときは 1 増え,そのとき以外は変わらない.したがって

$$(2^{p_1 p_2 \cdots p_n}+1) \times \frac{2^{p_{n+1}}+1}{3} \times p_1 p_2 \cdots p_{n+1} \geqq 2^{p_1 p_2 \cdots p_{n+1}}+1$$

であるはずだが,$2^{p_1 p_2 \cdots p_n}+1 \leqq 2^{p_1 p_2 \cdots p_{n+1}}$,$2^{p_{n+1}}+1 \leqq 2^{p_{n+1}+1}$,$p_i \geqq 5$ を用いることで,これは成り立たないことが簡単にわかる.よって矛盾であり,題意は示された. ◆

【2003 初夏合宿 問題 2】

3 以上の奇数 n と正の整数 x, y との組であって，
$$x^n + y^n = p^m$$
をみたす素数 p と整数 m が存在するようなものを，すべて求めよ． → p. 157

解答 $\gcd(x,y)^n \mid p^m$ より $\gcd(x,y)$ は p のべきであり，それが 1 でなければ x, y を $\gcd(x,y)$ で割っておく．これにより x, y が互いに素な場合を考えればよい．

$(x, y) = (1, 1)$ なら，任意の n に対し $(p, m) = (2, 1)$ が与式をみたす．以下， $(x, y) \neq (1, 1)$ の場合を考える．

n は奇数なので $x + y \mid x^n + y^n$ であり，$x + y = p^k$ (k は正の整数) と書ける．$(x, y) \neq (1, 1)$ と $n \geq 3$ より $k < m$．

x, y が互いに素なことより，どちらも p で割りきれないので p. 151 の定理より $\mathrm{ord}_p(x^n + y^n) = \mathrm{ord}_p(x+y) + \mathrm{ord}_p n$ である．$\mathrm{ord}_p n = m - k > 0$ より $p \mid n$．(n, x, y) が条件をみたせば $\left(p, x^{\frac{n}{p}}, y^{\frac{n}{p}}\right)$ も条件をみたすはずなのでまず $n = p$ の場合を考える．

このとき，$k = m - 1$ であるので $x + y = p^{m-1}$．よって
$$p^m = x^p + y^p \geq 2 \times \left(\frac{p^{m-1}}{2}\right)^p$$

となり，この式は $2^{p-1} \geq p^{(p-1)m-p}$ と変形される．$m \geq 2$ より，これをみたすのは $(p, m) = (2, 2), (2, 3), (3, 2)$ しかない．

- $(p, m) = (2, 2)$ のとき，$x + y = 2$ となるので $(x, y) = (1, 1)$ となり矛盾．
- $(p, m) = (2, 3)$ のとき，$x + y = 4$, $x^2 + y^2 = 8$ となるので解は $(x, y) = (2, 2)$ となるがこれは x, y が互いに素に反する．
- $(p, m) = (3, 2)$ のとき，$x + y = 3$, $x^3 + y^3 = 9$ となるので解は $(x, y) = (1, 2)$, $(2, 1)$．

以上より，$n = p$ の場合の解は $(n, x, y) = (3, 1, 2), (3, 2, 1)$ のみ．

一般の場合に戻ると，$\left(p, x^{\frac{n}{p}}, y^{\frac{n}{p}}\right)$ が条件をみたすはずだが，$n = p$ の場合の解の形から，これは $n = p$ の場合しかありえない．よって一般の場合にも上が解のすべてである．

最後に，$\gcd(x, y)$ が 1 でない場合も含めると，答は

$$(n, x, y) = (n, 2^t, 2^t), (3, 3^t, 2 \cdot 3^t), (3, 2 \cdot 3^t, 3^t)$$

(n は任意の 3 以上の奇数, t は任意の非負整数)

である. ◆

【2007 春合宿 問題 2】

次の方程式をみたす整数の組 (x, y) をすべて求めよ. ただし $x \neq 1$ とする.

$$\frac{x^7 - 1}{x - 1} = y^5 - 1$$

→ p. 157

解答 $y = 0, 1$ の場合は明らかに解をもたないので, 両辺の絶対値は 2 以上である. 両辺の素因数 p をとる. p. 154 の例題より, $p \equiv 1 \pmod{7}$ もしくは $p = 7$ である. $y - 1 \mid y^5 - 1$ なので, $y - 1$ の素因数としてありうるのは 7 と, 7 で割って 1 余るもの.

- 7 が素因数に含まれていないとすると $y - 1 \equiv 1 \pmod{7}$ となり, $y^5 - 1 \equiv 2^5 - 1 \equiv 3 \pmod{7}$ となって, $y^5 - 1$ の素因数としてありうるのは 7 と 7 で割って 1 余るものしかないことに矛盾.
- 7 が素因数に含まれているとすると, $\mathrm{ord}_7(y - 1) = 1$ なので $y - 1 \equiv 7 \pmod{49}$ となり, $y^5 - 1 \equiv 8^5 - 1 \equiv 35 \pmod{49}$ となって矛盾.

以上より, 与式をみたす整数の組 (x, y) は存在しないことが示された. ◆

✸ **無限降下法**

【1988 IMO 問題 6】

a, b は $a^2 + b^2$ が $ab + 1$ で割りきれるような正の整数とする. このとき, $\dfrac{a^2 + b^2}{ab + 1}$ が平方数であることを示せ.

→ p. 160

解答 N を正の整数とし, $\dfrac{a^2 + b^2}{ab + 1} = N$ とおく. これを変形すると

$$a^2 - Nab + b^2 = N \qquad (*)$$

となる. $(*)$ をみたす正の整数の組 (a, b) が存在するならば N が平方数であることを示せばよい. N が平方数でないとして矛盾を導こう. $N \geqq 2$ に注意. $a = b$ とすると $(2 - N)a^2 = N$ となり, $N = 1$ となるので $a \neq b$ である.

(a_0, b_0) を $(*)$ をみたす正の整数の組とする. $(*)$ は a, b に関して対称なので一般性を失わずに $a_0 > b_0$ と仮定できる. $(*)$ を a に関しての 2 次式とみて解と係数の関係を使うことにより, $(Nb_0 - a_0, b_0)$ も $(*)$ をみたすことがわかる. $b_0 > Nb_0 - a_0 \geqq 0$ であることを示す. このためには, $f(x) = x^2 - Nb_0 x + b_0^2$ とおいて, $f((N-1)b_0) < N < f(Nb_0 + 1)$ を示せばよいが, これは単純計算で簡単にわかる (ここで $N \geqq 2$ を用いた).

$Nb_0 - a_0 = 0$ とすると, $a_0^2 - Na_0 b_0 + b_0^2 = b_0^2$ なので N は平方数となり矛盾. よって $b_0 > Nb_0 - a_0 > 0$ であり, $a_1 = b_0, b_1 = Nb_0 - a_0$ とすると, (a_1, b_1) は $(*)$ をみたす正の整数の組で $a_1 > b_1$ をみたす. また, $b_0 = a_1 > b_1$ である.

(a_0, b_0) から (a_1, b_1) をつくったのと同じようにして, (a_1, b_1) から新たな解 (a_2, b_2) がつくれ, 次々に $(*)$ をみたす正の整数の組であって $a > b$ なるものがつくれる. しかしこれは $b_0 > b_1 > b_2 > \cdots$ と正の整数の狭義単調減少な無限列が得られることになり矛盾. よって, N は平方数である. ◆

【2007 IMO 問題 5】

a, b を正の整数とする. $4ab - 1$ が $(4a^2 - 1)^2$ を割りきるならば, $a = b$ であることを示せ. → p. 160

解答 k を整数とし, $\dfrac{(4a^2-1)^2}{4ab-1} = k$ とおく. $(4a^2-1)^2 = k(4ab-1)$ であるので, 両辺を $\bmod 4a$ で見ると $k \equiv -1 \pmod{4a}$ がわかる. $k = 4ac - 1$ (c は正の整数) とおく. $(4ab-1)(4ac-1) = (4a^2-1)^2$ の両辺を展開して整理すると $4abc - (b+c) = 4a^3 - 2a$ となる. $b+c$ が $2a$ の倍数であることがわかるので, $b + c = 2Na$ (N は正の整数) とおく. さらに $c = 2Na - b$ を代入して整理すると, $2a^2 - 4Nab + 2b^2 = -N + 1$ となる. $N = 1$ とすると $2a^2 - 4ab + 2b^2 = 2(a-b)^2 = 0$ となるので, $a = b$ である.

$N \geqq 2$ として矛盾を導く. 正の整数の組 $(a, b) = (a_0, b_0)$ がこの式をみたすとする. $a_0 = b_0$ とすると $4b_0^2 = 1$ となり矛盾. 式は a, b に関して対称なので $a_0 > b_0$ としてよい. 前の問題と同じく解と係数の関係から $(2Nb_0 - a_0, b_0)$ もこの式をみたす. $b_0 > 2Nb_0 - a_0 > 0$ を示す. このためには, $f(x) = 2x^2 - 4Nb_0 x + 2b_0^2$ とおいて, $f((2N-1)b_0) < -N + 1 < f(2Nb_0)$ を示せばよいが, これは単純計算で簡単にわかる (ここで $N \geqq 2$ を用いた).

以上より, (a_0, b_0) $(a_0 > b_0 > 0)$ という解があれば, $(b_0, 2Nb_0 - a_0)$ $(b_0 > 2Nb_0 - a_0 > 0)$ という新しい解が得られる. この新しい解をつくる操作を繰り返

すことで, $a > b$ なる正整数解で b が真に減少していく列がとれる. これは矛盾.

したがって, $N = 1$ であり, $a = b$ が示された. ◆

注意 最初の段階で「正の整数 a, b に対し $\dfrac{2a^2 + 2b^2 - 1}{4ab - 1}$ が整数になるとき, $a = b$ を示せ.」という問題に変形されていて, そのあとの方針は前の問題とほぼ同様です.

✹ $\bmod p$ における方程式

【1998 JMO 本選 問題 1】
p は 3 以上の素数とする. 円周上に p 個の点を置き, ある点に 1 を記入し, そこから時計回りに 1 個進んだ点に 2 を記入する. さらに, 2 を書いた点から時計回りに 2 個進んだ点に 3 を記入し, 以下同様なことを繰り返し, 最後に $p-1$ を書いた点から $p-1$ 個進んだ点に p を記入する. ふたつ以上の数が記入された点があってもよく, ひとつも数が記入されない点があってもよい. さて, 数の記入された点は全部で何個か. → p. 162

解答 1 が記入された点に 0 を対応させ, そこから時計回りに $1, 2, \ldots$ と $\bmod p$ で数を対応させていく. x が記入された点に対応する数は, $1 + 2 + \cdots + (x-1) = \dfrac{(x-1)x}{2}$ である. 問題は, ある x が存在して $\dfrac{(x-1)x}{2} \equiv k \pmod{p}$ となる k が $\bmod p$ でいくつあるかということである. 2 倍して整理すればこれは $x^2 - x - 2k \equiv 0$ という $\bmod p$ における x に関する 2 次方程式であり, 判別式は $1 + 8k$ となる. これが 0 のとき解を 1 つもち (k に 1 つの数が記入され), これが平方剰余のとき解を 2 つもつ (k に 2 つの数が記入される). 8 と p は互いに素なので $k \equiv 0, 1, \ldots, p-1$ を動くとき $1 + 8k$ も $0, 1, \ldots, p-1$ を 1 回ずつとる. $\bmod p$ において平方剰余なものは $\dfrac{p-1}{2}$ 個あるので, 結局数の記入された点は全部で $1 + \dfrac{p-1}{2} = \dfrac{p+1}{2}$ 個. ◆

【1993 春合宿 問題 6】
a, b, c は整数, p は 3 以上の素数とする. また $f(x) = ax^2 + bx + c$ とする. 今, 連続する $2p-1$ 個の整数 $x = n, n+1, \ldots, n+2p-2$ に対し $f(x)$ が完全平方数 (ある整数の 2 乗) になっているものとする. すると $b^2 - 4ac$ は p の倍数であることを証明せよ. → p. 162

解答 背理法で示す．$f(n), f(n+1), \ldots, f(n+2p-2)$ は完全平方数とし，$D = b^2 - 4ac$ は p の倍数でないとする．

まず，$p \mid a$ のときを考える．このとき $p \nmid b^2 - 4ac$ より $p \nmid b$ であり，$f(x) \equiv bx + c$ (mod p) なので，$f(n), f(n+1), \ldots, f(n+p-1)$ は mod p において $0, 1, \ldots, p-1$ の並べ替えになっている．このうちには mod p で平方非剰余なものも含まれているので，これはありえない．

以下，$p \nmid a$ とする．D が平方非剰余のとき，$f(x) \equiv 0$ は解をもたない．$n \leqq m \leqq n+2p-2$ に対し，$f(m)$ は mod p において 0 でなく，平方剰余である．そのようなものは $\dfrac{p-1}{2}$ 個あるので，鳩ノ巣原理より n 以上 $n+2p-2$ 以下の範囲に相異なる m_1, $m_2, \ldots, m_5$ が存在し，$f(m_1), f(m_2), \ldots, f(m_5)$ は mod p において同じ値をとる．しかし，$f(x) \equiv f(m_1)$ という x に関する 2 次方程式は mod p において解を高々 2 つしかもたず，よって n 以上 $n+2p-2$ 以下の範囲ではこれをみたす x は高々 4 つしか存在しないはずである．これは矛盾．

D が平方剰余のとき，$f(x) \equiv 0$ は相異なる 2 つの解をもつ．その解を $x \equiv r_1, r_2$ (mod p) とする．ただし，$n \leqq r_1 < r_2 < n+p$ となるようにとっておく．このとき，解と係数の関係から $r_1 + r_2 \equiv -\dfrac{b}{a}$ (mod p) である．$p + r_1 \leqq n + 2p - 2$ より，$f(r_1)$, $f(p + r_1)$ は完全平方数であり，p の倍数．よって p^2 の倍数．$f(p+r_1) - f(r_1) = p(2ar_1 + ap + b)$ より，$2ar_1 + b$ は p の倍数．したがって $r_1 \equiv -\dfrac{b}{2a}$ (mod p) であり，$r_1 \equiv r_2$ (mod p)．これは $n \leqq r_1 < r_2 < n+p$ に矛盾．

以上より，$D \equiv 0$ (mod p) であることが示された． ◆

Column　IMO 日本代表選手の感想

　　IMO ルーマニア大会は非常に充実したものでした．開会式はかなり気合の入ったものとなっていて観光プログラムも非常に充実していました．ただ shoppingtime が短くてあまりおみやげを買えなかったのが残念です．テストは 1 日目, 2 日目ともに出来は悪かったのですが，優秀なコーディネーターのおかげである程度の点数をもらう事が出来ました．テストが終わった日からは毎日明け方まで遊びまくっていてあっという間に日が過ぎていきました．国際交流では相手の云っていることが聞き取れないことが多く英語の必要性を感じました．10 日間の短い大会ですがいい思い出を作る事が出来て本当に良かったです．
【今井直毅 (1999 IMO ルーマニア大会銀メダル, 2000 IMO 韓国大会銀メダル, 2001 IMO アメリカ大会銀メダル, 2002 IMO 英国大会金メダル)　灘中学校 3 年, 1999 IMO ルーマニア大会日本代表時の感想】

　　7 月 8 日，成田エクスプレスで僕と西本さん以外の 1 両目の人がすべて第 2 ビルで降りて人が少ないと思っていたら，搭乗口には人がたくさんいた．機内食は狭いところで食べるので疲れた．
　　9 日，パリのシャルル・ドゴール空港は広い．「Bording passって何？」という感じで入国審査に時間がかかった．ギリシャ着で飛行機から降りるときに「コンニチワ」といわれた．会場に着いて昼食 (とても良い) 後，少し外に行くことになった．バスの切符を買うとき「45 cents」といっていたら 4 枚買ってしまった．どこからどこまで乗っても 45 cents らしい．
　　7 月 10 日，アテネには普通に神殿が立っていた．開会式の劇の練習をする．
　　11 日，開会式での日本チームのパフォーマンスは大成功．
　　13 日, 14 日はコンテスト．
　　15 日，博物館へ行った．昼食の πita というのがおいしかった．海でエビを 7 匹獲る．
　　16 日，運河っぽいところでキーホルダーを 9 ケ買った．景色が良いので写真をとる．
　　18 日，ギリシャ出発．
　　試験は 2 で大きなミスをして銀になってしまった．今年は最低点が 27 とかでかなり強かった．ホテル内で滝が見られたのが楽しかった．
【片岡俊基 (2004 IMO ギリシャ大会銀メダル, 2005 IMO メキシコ大会金メダル, 2006 IMO スロベニア大会銀メダル, 2007 IMO ベトナム大会金メダル)　高田中学校 3 年, 2004 IMO ギリシャ大会日本代表時の感想】

索　引

欧　文

Brianchon の定理　84
Bunching　10

Cauchy-Schwarz の不等式　16
Cramer の公式　100

Desargues の定理　83
Dirichlet の算術級数定理　154

Euclid の互除法　141
Euler 関数　143
Euler 線　101
Euler の定理　143

Fermat の小定理　143

Hölder の不等式　16

Lagrange の未定乗数法　25
Legendre 記号　148
L^p ノルム　15

Menelaus の定理　74
$\bmod m$ における a の逆元　141
$\bmod p$ における方程式　160
Muirhead の不等式　9

$\mathrm{ord}_p n$　151

Pappus の定理　83

Pascal の定理　83

Schur の不等式　14

Tchebycheff の不等式　17

Zsigmondy の定理　155

ア　行

位数　144
上に凸　18
円周角の定理とその逆　116
オーダー　151
重み付き相加・相乗平均の不等式　7

カ　行

逆元　141
狭義単調減少　44
狭義単調増加　44
極大・極小　22
極値点　22
結論から辿る　71
原始根　145
広義単調減少　44
広義単調増加　44
根軸　78
コンパクト集合　23

サ　行

三角形の各所の長さ　82

下に凸 18
射影幾何学 82
射影平面 82
射影変換 86
周期性 50
図を描く順番 72
斉次化 11
接弦定理とその逆 116
全射 41
全単射 41
相加・相乗平均の不等式 (AM-GM 不等式) 7
相似拡大 74
双対 84
素数 p に関する n のオーダー 151

タ 行

単射 41
中国剰余定理 142
稠密性 47
調和点列 86
直交座標 99
凸不等式 (Jensen の不等式) 19

ナ 行

並べ替え不等式 17
2 次曲線 83
塗り分け 64

ハ 行

配景写像 87

反転 73
複比 86
符号付面積 81
不等式の斉次化 11
不変量 63
平方剰余 148
平方剰余の相互法則 149
平方剰余の第一補充則 149
平方剰余の第二補充則 149
平方非剰余 148
偏導関数 22
偏微分 22
方べき 78
方べきの定理 78
方べきの定理とその逆 116
母関数 63

マ 行

無限降下法 159
無向グラフ 68

ヤ 行

有向角 81
有向グラフ 68

ワ 行

わかりやすい・わかりにくい条件 72

監修者略歴

小林 一章(こばやしかずあき)

1940年　東京都に生まれる
1966年　早稲田大学大学院理工学研究科修了
現　在　(財)数学オリンピック財団理事長
　　　　東京女子大学名誉教授
　　　　理学博士

獲得金メダル！　国際数学オリンピック
　—メダリストが教える解き方と技—
　　　　　　　　　　　　　　　　　　　定価はカバーに表示

2011年11月25日　初版第1刷
2025年 5月25日　　 第10刷

　　　　　　　　　　監修者　小　林　一　章
　　　　　　　　　　発行者　朝　倉　誠　造
　　　　　　　　　　発行所　株式会社　朝　倉　書　店

　　　　　　　　　　　　東京都新宿区新小川町6-29
　　　　　　　　　　　　郵便番号　　162-8707
　　　　　　　　　　　　電　話　03(3260)0141
　　　　　　　　　　　　FAX　03(3260)0180
〈検印省略〉　　　　　　　https://www.asakura.co.jp

© 2011〈無断複写・転載を禁ず〉　印刷・製本　デジタルパブリッシングサービス

ISBN 978-4-254-11132-3　C 3041　　　Printed in Japan

JCOPY　＜出版者著作権管理機構　委託出版物＞

本書の無断複写は著作権法上での例外を除き禁じられています．複写される場合は，
そのつど事前に，出版者著作権管理機構（電話 03-5244-5088, FAX 03-5244-5089,
e-mail: info@jcopy.or.jp）の許諾を得てください．

好評の事典・辞典・ハンドブック

数学オリンピック事典	野口　廣 監修	B5判 864頁
コンピュータ代数ハンドブック	山本　慎ほか 訳	A5判 1040頁
和算の事典	山司勝則ほか 編	A5判 544頁
朝倉 数学ハンドブック［基礎編］	飯高　茂ほか 編	A5判 816頁
数学定数事典	一松　信 監訳	A5判 608頁
素数全書	和田秀男 監訳	A5判 640頁
数論＜未解決問題＞の事典	金光　滋 訳	A5判 448頁
数理統計学ハンドブック	豊田秀樹 監訳	A5判 784頁
統計データ科学事典	杉山高一ほか 編	B5判 788頁
統計分布ハンドブック（増補版）	蓑谷千凰彦 著	A5判 864頁
複雑系の事典	複雑系の事典編集委員会 編	A5判 448頁
医学統計学ハンドブック	宮原英夫ほか 編	A5判 720頁
応用数理計画ハンドブック	久保幹雄ほか 編	A5判 1376頁
医学統計学の事典	丹後俊郎ほか 編	A5判 472頁
現代物理数学ハンドブック	新井朝雄 著	A5判 736頁
図説ウェーブレット変換ハンドブック	新　誠一ほか 監訳	A5判 408頁
生産管理の事典	圓川隆夫ほか 編	B5判 752頁
サプライ・チェイン最適化ハンドブック	久保幹雄 著	B5判 520頁
計量経済学ハンドブック	蓑谷千凰彦ほか 編	A5判 1048頁
金融工学事典	木島正明ほか 編	A5判 1028頁
応用計量経済学ハンドブック	蓑谷千凰彦ほか 編	A5判 672頁

価格・概要等は小社ホームページをご覧ください．